世界生物群落

Temperate Forest Biomes

温带森林生物群落

[美] Bernd H. Kuennecke 著

荆　辉　译

张志明　总译审

包国章　专家译审

U0350029

长春出版社

全国百佳图书出版单位

图书在版编目(CIP)数据

温带森林生物群落/(美)伯纳德·H.库恩尼克(Bernd H. Kuennecke)著；荆辉译. —长春：长春出版社，2014.6 (2017.6重印)

(世界生物群落)

ISBN 978-7-5445-2002-7

Ⅰ.①温… Ⅱ.①伯…②荆… Ⅲ.①温带–生物群落–青年读物②温带–生物群落–少年读物 Ⅳ.①Q151.3–49

中国版本图书馆 CIP 数据核字(2013)第 001402 号

温带森林生物群落

著　　者：[美]Bernd H. Kuennecke　　　　译　　者：荆　辉
总 译 审：张志明　　　　　　　　　　　　专家译审：包国章
责任编辑：李春芳　王生团　江　鹰　　　　封面设计：刘喜岩

出版发行：长春出版社　　　　　　　　　总 编 室 电话：0431-88563443
　　　　　发行部电话：0431-88561180　　邮购零售电话：0431-88561177
地　　址：吉林省长春市建设街 1377 号
邮　　编：130061
网　　址：www.cccbs.net
制　　版：荣辉图文
印　　刷：延边新华印刷有限公司
经　　销：新华书店

开　　本：787 毫米×1092 毫米　1/16
字　　数：141 千字
印　　张：11
版　　次：2014 年 6 月第 1 版
印　　次：2017 年 6 月第 2 次印刷
定　　价：22.00 元

中文版前言

　　"山光悦鸟性，潭影空人心"道出了人类脱胎于自然、融合于自然的和谐真谛，而"一山有四季节，十里不同天"则又体现了各生物群落依存于自然的独特生命表现和"适者生存"的自然法则。可以说，人类对生物群落的认知过程也就是对大自然的感知过程，更是尊重自然、热爱自然、回归自然的必由之路。《世界生物群落》系列图书将带领读者跨越时空的界限，在领略全球自然风貌的同时，探秘不同环境下生物群落的生存世界。本套图书由中国生态学会生态学教育工作委员会副秘书长、吉林省生态学会理事、吉林大学包国章教授任专家译审，从生态学的专业角度，对翻译过程中涉及的相关术语进行了反复的推敲论证，并予以了修正完善；由辽宁省高等学校外语教学研究会副会长张志明教授任总译审；由郑永梅、李梅、辛明翰、钟铭玉、王晓红、潘成博、王婷、荆辉八位老师分别担任分册翻译。正是他们一丝不苟的工作精神和精益求精的严谨作风，才使这套科普图书以较为科学完整的面貌与读者见面。在此对他们的辛勤付出表示衷心的感谢！愿本书能够以独特的视角、缜密的思维、科学的分析为广大读者带来新的启发、新的体会。让我们跟随作者的笔触，共同体验大自然的和谐与美丽！

　　本书有不妥之处，敬请批评指正！

英文版前言

　　我写本书的主观原因是缘于我对森林生物的兴趣，而这种兴趣可以追溯到40年前。那时我在欧洲各地（德国、比利时、卢森堡、法国、意大利、奥地利、瑞士、丹麦、挪威和瑞典）的森林中旅游，那对我来说不仅仅是度假，更是对森林中土地利用的一种热爱。当我在写一篇关于俄勒冈州主要受工业影响的文章的时候，我对这个州的植被和人类对自然资源的利用所产生的影响进行了调查。我的兴趣伴随着一系列森林群落的夏日实地考察在不断加深，并从中获得了许多乐趣，这为以后在大学讲授实地考察的研究方法做了大量的储备。在北美，当我教授实地考察课程的时候，我和学生去很多地方旅行。这些实地旅行给我提供了无数次去太平洋西北部、加拿大西部、阿拉斯加、加拿大东北部、新英格兰地区和阿巴拉契亚山脉的机会。我每年都去德国西部（基于对前东德和西德在森林土地使用方面的差异）和欧洲其他国家的多次旅行的习惯，已经持续了30年的时间。

　　世界各个地区的读者对于这本书中所描写的生物群落，通过直接的观察就能够了解。熟悉以下各章所描述的生物群落的地区表达方式，能给读者提供一个直观的印象。在旅行能够到达的范围内，我们描述了一些简单的路线。如果我们去加拿大东南部、阿拉斯加、密歇根北部、新英格兰北部、加拿大西部山区、美国的西北太平洋地区和东部的阿巴拉契亚山脉北部和中部山脊，我们能够看到北方针叶林地带。我给那些对观察和了解森林感兴趣的读者所提出的建议，就是搭乘汽车走二级公路或当地的高速公路。去斯堪的纳维亚和俄罗斯的西北部旅行，也能对北方针叶林带有一个大致的了解。在北美西部山区的多次旅行，使我对那些穿越山系的高速公路两旁的北方针叶林所处的纬度带感到惊讶。从威廉姆特–普吉特海湾到奥林匹克半岛（有北方针叶林的温带雨林）地区，海岸山脉和高大的喀斯喀特山脉（北方针叶林）给游客展现了大量的森林植被。在北方针叶林带和北美东部的温带落叶阔叶林带之间，交错地带随处可见，例如密歇根州的北部平原和威斯康星州的周围地区。五大湖区和当地的不同地形形成北方针叶林和温带落叶阔叶林之间的能够代表当地环境特征的镶嵌地带。美国东部的林地，欧洲的中西部、中部和中东部地区，中国北部和日本的一些地区，都给学生提供了当今我们所用的温带落叶阔叶林带的实际表达方式。在地中海地区的任何森林和灌木地带，例如地中海盆地的都市地区的外部、加利福尼亚南部、智利中南部、南非南部和澳大利亚西南部，都能为学生提供该气候类型下出现的实地植物群落的面貌。我本人鼓励学生去实地了解生物群落。

我借此机会感谢那些帮助过我的人，没有他们我就不能完成实地调查和本书的写作。首先我要感谢我的妻子苏·波利，她一直毫不犹豫地支持着我的计划（包括完成摄影工作），并且鼓励着我，甚至不时地督促我，"赶紧去写作吧"，在此我衷心感谢。

我的同事，研究员苏珊·L.伍德沃德也激励我投身于这本书的写作。她对我写作过程的积极参与、建议和作为编辑的评论，都对我有莫大的帮助。瑞德福大学帮助我制定出版时间，并在旅行、印刷修订和在图示方面所需要的软件给予了物质上的支持。最后，我要感谢凯文·唐宁对这个项目的支持，所有人对我的帮助都是不可估量的。

目 录

如何阅读本书

本书首先是对温带森林生物群落的基本概述，然后分章节介绍了北方针叶林生物群落、温带落叶阔叶林生物群落、地中海林地和灌木生物群落。作者从全球的角度对生物群落给出一个总体的概览，接着对地区性的分布进行描述。每一章节及对每一地区的描述都能独立成章，但也有着内在的联系，在平实的叙述中，能够给读者以启发。

为方便读者的阅读，作者在介绍物种时，尽可能少使用专业术语，以便呈现多学科性，对于书中出现的读者不太熟悉的术语，在书后的词汇表中有选择地列出了这些术语的定义。本书使用的数据来自英文资料，为保证其准确性，仍以英制计量单位表述，并以国际标准计量单位注释。

在生物群落章节介绍中，对主要的生物群落进行了简要描述，也讨论了科学家在研究及理解生物群落时用到的主要概念，同时也阐述并解释了用于区分世界生物群落的环境因素及其过程。

如果读者想了解关于某个物种的更多信息，请登陆网站www.cccbs.net，在网站中列出了每章中每种动植物中文与拉丁文学名的对照表。

学名的使用

　　使用拉丁名词与学科名词来命名生物体，虽然使用起来不太方便，但这样做还是有好处的，目前使用学科名词是国际通行的惯例。这样，每个人都会准确地知道不同人谈论的是哪种物种。如果使用常用名词就难以起到这种作用，因为不同地区和语言中的常用名词并不统一。使用常用名词还会遇到这样的问题：欧洲早期的殖民者在美国或者其他大陆遇到与在欧洲相似的物种后，就会给它们起相同的名字。比如美国知更鸟，因为它像欧洲的知更鸟那样，胸前的羽毛是红色的，但是它与欧洲的知更鸟并不是一种鸟，如果查看学科名词就会发现，美国知更鸟的学科名词是旅鸫，而英国的知更鸟却是欧亚鸲，它们不仅被学者分类，放在了不同的属中（鸫属与鸲属），还分在了不同的科中。美国知更鸟其实是画眉鸟（鸫科），而英国的知更鸟却是欧洲的京燕（鹟科）。这个问题的确十分重要，因为这两种鸟的关系就像橙子与苹果的关系一样。它们是常用名称相同却相差很远的两种动物。

　　在解开物种分布的难题时，学科名词是一笔秘密"宝藏"。两种不同的物种分类越大，它们距离共同祖先的时间就越久远。两种不同的物种被放在同一属类里面，就好像是两个兄弟有着一个父亲——他们是同一代且相关的。如是在同一个科里的两种属类，就好像是堂兄弟一样——他们都有着同样的祖父，但是不同的父亲。随着时间的流逝，他们相同的祖先起源就会被时间分得更远。研究生物群落很重要的一点是："时间的距离意味着空间的距离"。普遍的结论是，新物种是由于某种原因与自己的同类被隔离后适应了新的环境才形成的。科学上的分类进入属、科、目，有助于人们从进化的角度理解一个种群独自发展的时间，从而可以了解到，在过去因为环境的变化使物种的类属也发生了变化，这暗示了古代与现代物种在逐步转变过程中的联系与区别。因此，如果你发现同一属、科的两个物种是同一家族却分散在两个大洲，那么它们的"父亲"或"祖父"在不久之前就会有很近的接触，这是因为两大洲的生活环境极为相同，或者是因为它们的祖先克服了障碍之后迁徙到了新的地方。分类学分开的角度越大（例如不同的家族生存在不同的地理地带），它们追溯到相同祖先的时间与实际分开的时间就越长。进化的历史与地球的历史就隐藏在名称里面，所以说分类学是很重要的。

大部分读者当然不需要或者不想去考虑久远的过去，因此拉丁文名词基本不会在这本书里出现，只有在常用的英文名称不存在时，或涉及的动植物是从其他地方引进学科名词时才会被使用。有时种属的名词会按顺序出现，那是它们长时间的隔离与进化的结果。如果读者想查找关于某个物种的更多信息，那就需要使用拉丁文名词在相关的文献或者网络上寻找，这样才能充分了解你想认识的这个物种。在对比两种不同生态体系中的生物或两个不同区域中的相同生态体系时，一定要参考它们的学科名词，这样才能确定诸如"知更鸟"在另一个地方是否也叫作"知更鸟"的情形。

第一章
温带森林生物群落概述

　　本书主要讲述的是处于温带气候环境的地区，这些地区都被大量的森林植被所覆盖。本书介绍了世界上三个主要的生物群落：北方针叶林生物群落、温带落叶阔叶林生物群落和地中海林地和灌木生物群落。这些生物群落（尤其是前两类）构成了世界上最富饶和经济上最重要的森林地带。树木作为可再生的自然资源，覆盖了这个地区的大部分，世界上大部分人口选择居住在湿润温带气候地区，人类的活动在此持续了很长时间，并且对森林植物群落有着至关重要的影响，这些影响使这些生物群落还面临着一些变化，这些变化最终会改变当前森林地带的地理界限。

　　本章概述了温带森林生物群落和它对整个环境控制因素的影响。在第二章，我们将阐述北半球的北方针叶林生物群落。这些北部的寒冷针叶林（也包括此生物群落中落叶林地区）构成了穿越北美和欧亚大陆北部，在北极树木线以南的大量森林带。这些森林地带从北美一直向南延伸，覆盖从太平洋到大西洋所有南北方向延伸的山脉。

　　在第三章我们讲述的是温带落叶阔叶林生物群落。它主要位于北美的东半部地区。另一部分位于从不列颠群岛到乌拉尔山脉的整个欧洲的西北和中部地区，还有一部分位于欧亚大陆的远东地区，如中国、韩国、西伯利亚和日本。在南半球，这些生物群落相对来说较少，只是在南美（智利）和南非东南海岸的局部地区存在。

第四章讲述了地中海林地和灌木生物群落。它主要位于地中海气候区域和加利福尼亚、智利南部、南非和澳大利亚西南部。

介绍每个生物群落的各章都以涵盖以下几方面的综合性的概述：

·每个生物群落的地理位置

·对生物群落进行科学调查的历史

·每个生物群落存在的一般气候条件

·由于地质结构、气候和植被之间的相互作用而形成的现存土壤类型和土壤形成过程

·植被与生物群落之间的关系

·生物群落中出现的动物和适应情况

·当前的环境和对生物群落所造成的影响

在这本书中，我们将通过对每一个地区不同的生物群落的描述，继而有一个全球性的概览，并且读者也会了解生物群落的实际地理位置和所生存的物理环境（天气状况、土壤类型、地形特征、植物间的联系和动物的种类）。

气候特征是我们了解温带森林生物群落的一个主要方面。温带指的是比北极地区温暖，却比热带地区凉爽，并且足够潮湿可以使森林植被能够生长的地区。在很大程度上，气候特征决定了在不同地区植物之间的关系，而微小的差异则阐释了每种森林植被间的不同物种的组成。

在本章我们要讲述的与三种生物群落有关的气候类型在表1.1中做了总结。在过去的6000万年中，气候发生了巨大的变化。这些变化对当代动植物都有很大的影响，尤其是对更新世时期的第四纪有着长远影响（160万年前）。这些变化在冰川世纪反复出现，并以北半球的北美地区和欧亚大陆北部的大陆冰川的前进和后移为特点。一些植物群落是在第三纪中期形成的，然而，仅气候特点还不足以描述生物群落。有些地区，如在巴西南部或是在新西兰南岛的北半部，那里的气候特点有利于

表 1.1　温带森林生物群落的气候分类

气候类型	特　　征
常湿温暖性气候(Cf)	所有月份都有充足的适合植物生长的降雨量,至少为1.2英寸(约3厘米)。
夏季炎热型(Cfa)	最冷月份平均气温为64.4℉~26.6℉(约18℃~-3℃);所有月份降水充足;最暖月份平均气温超过 71.6℉(约22℃)。
夏季温暖型(Cfb)	最冷月份平均气温为64.4℉~26.6℉(约18℃~-3℃);所有月份降水充足;最暖月份的平均气温71.6℉(约22℃)以下,至少4个月的平均气温超过 56℉(约13℃)。
夏季凉爽型(Cfc)	最冷月份平均气温为64.4℉~26.6℉(约18℃~-3℃);所有月份降水充足;少于4个月的平均气温超过50℉(约10℃)。
地中海气候(Cs)	最干燥季节的降雨量少于1.2英寸(约3厘米),年降水量的70%是在冬季的6个月。
夏季炎热(Csa)	最冷月份平均气温为64.4℉~26.6℉(约18℃~-3℃);夏季为干季,最温暖季节的平均气温超过71.6℉(约22℃),至少4个月的平均气温超过56℉(约13℃)。
夏季温暖(Csb)	最冷月份平均气温为64.4℉~26.6℉(约18℃~-3℃);夏季为干季,最温暖季节的平均气温在 71.6℉(约22℃)以下,至少4个月的平均气温超过56℉(约13℃)。
常湿温暖气候(Df)	无干季的雪林气候,所有月份的降水量足够使植物生长。
夏季温暖型(Dfb)	最温暖的月份平均气温超过50℉(约10℃);各个月份降雨充足;最温暖月份的平均气温低于71.6℉(约22℃),至少4个月的平均气温超过50℉(约10℃)。
夏季凉爽型(Dfc)	最温暖的月份平均气温超过50℉(约10℃);各个月份降雨充足;少于4个月的平均气温超过50℉(约10℃)。
显著大陆型(Dfd)	最温暖的月份平均气温超过50℉(约10℃);各个月份降雨充足;少于4个月的平均气温超过50℉(约10℃),但最冷月份的平均气温低于-36.4℉(约-38℃)。
夏季温暖型(Dwb)	最温暖月份平均气温超过50℉(约10℃);干季为冬季;最热月份的平均气温低于 71.6℉(约22℃),至少4个月的平均气温超过56℉(约13℃)。
夏季凉爽型(Dwc)	最温暖月份平均气温超过50℉(约10℃);干季为冬季;少于4个月的平均气温超过50℉(约10℃)。
显著大陆型(Dwd)	最温暖月份平均气温超过50℉(约10℃);干季为冬季;少于4个月的平均气温超过50℉(约10℃),但最冷季节平均气温低于 -36.4℉(约-38℃)。

稳定的落叶阔叶林的生长，但还不是非常具体。

在本章所讨论的与生物群落有关的土壤类型，只限于几个重要的种类，它们都是在土壤形成的过程中产生的（见图1.1）。其中包括北部森林的灰土、阿尔卑斯山脉的高原土壤，另外一些薄层土壤地区，还有淋溶土以及在温带潮湿地区的子群（极地淋溶土、湿淋溶土和干热淋溶土）。这些土壤大部分是在当前的气候条件下形成的，它们上面所覆盖的植被和今天所发现的大体相同。

本章涉及的生物群落所处的地形范围分布广泛，例如大陆冰川剐擦到古老大陆核心岩层所形成的半光表面，以及位于背斜和隆起的阿尔卑斯山脉的高部送风地带。几乎所有的土地类型在温带森林生物群落中都能够找到。

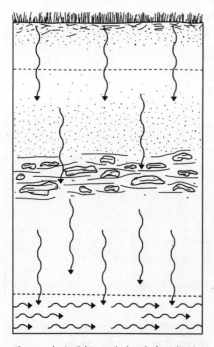

凉爽、潮湿的气候

地平线——腐殖质层

A 由于土壤、氧化物和根基的淋溶作用所形成的地平线——浅灰层

坚硬的沙土

B 由氧化物和土壤矿物质的丰富淀积作用所形成的地平线——灰土壤淀积层

C 地平线——弱酸土壤引起了地下水位的下沉

地下水位

图1.1 灰土图解 （杰夫·迪克逊提供）

　　由于组成生态系统中适应环境的生物和非生物之间有着密切的联系，生物群落这个概念可以被理解为植物和动物在主要地区或大陆之间的联系。不管生物群落此刻所处的状况如何，每个生物群落都有它的顶极生物。顶极植物群落的概念来自于19世纪末和20世纪初对某种植物类型的观察，这个过程被称作生态演替（见图1.2）。现在我们意识到，一种植物群落和另一种植物群落之间有序的更替，其实是以树木为代表的环境因素之间相互作用的复杂过程的一种简化。因此，在地区气候的影

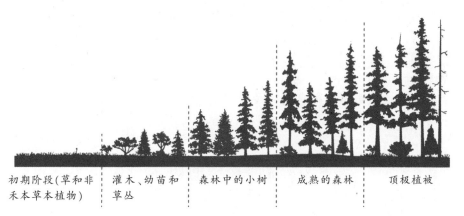

初期阶段(草和非　灌木、幼苗和　森林中的小树　成熟的森林　顶极植被
禾本草本植物)　草丛

图1.2　北方针叶林带生态演替图解　（杰夫·迪克逊提供）

生态演替

　　在生态学中，简单地说，生态演替这个概念是用来描述在森林环境中可预测的变化。最初生态演替的概念是指贫瘠的土地需要一系列可互相代替的生物群落植被。在土地上最开始出现的植物被称作初期阶段植物。它们包括青苔、苔藓、草，还有草本植物和灌木丛。后来，由于种子散布、早期土壤形成及遮蔽和湿度方面的变化，植物之间的联系才建立起来。初期阶段将被一系列的植物群体所代替，但如果非主要的干扰和气候的变化减少了物种再生的能

力，整个生物群落不会随着时间的改变而改变。最后阶段土地的生态均衡被称为顶极生物群落，群落中的各个植物成员被称作"顶极物种"。这些顶极生物群落，如果未受到干扰，在几百年甚至几千年来一直覆盖着森林，如果发生了根本性的干扰，改变了植物所处的环境，生物群落的发展就会重新开始，它被称为次生进化系列。

当地的环境状况会影响并改变不同的植物群落，并增添新的物种。这种进化会又一次开始直到在生物群落和当地环境间达到某种均衡，从而开始了全新而又不同以往的顶极阶段。

响下，描述动态植物和它们所经历的结构变化时所使用的，如顶极生物群落或是连续生物群落的术语，对于我们是有所帮助的。

温带森林的树木

在森林中生长着许多树木。这些多年生树木有着位于地面上方支撑茂密树枝的巨大树干。树木的高度也有所不同，有矮型树，也有高度超过350英尺（约105米）的参天大树。相对于其他植物来说，树的寿命比较长。大多数树木在特定的气候条件下生长和进化，并且在这样的环境下继续生长，因此很难再适应不同环境的气候。从地质学角度上来说，树木相对年轻，大多数现存的树木是在第三纪或之后出现的（约6600万~160万年前）。

温带森林生物群落以三种不同类型的树木为特点：针叶松柏树居多的北方针叶林生物群落，由落叶阔叶树组成的中纬度温带落叶阔叶林生物群落，还有以树叶常青和有芳香油的小叶灌木为特点的地中海林地和灌木生物群落。同时，适应的过程使得具有特点的生物在各自的生物群落中占据了主导地位。针叶阔叶树适应了北方生长期短暂、冬季时间长且大多在0℃以下、终年被雪覆盖的气候特点。这些树木整年保持绿叶，在春天一开始就进行光合作用。一般来说，这种针叶树的薄叶子是深绿色的，在太阳的照射下，针叶很容易变暖，如果仅是气温决定了生长期长短，那么它的光合作用发生得要早些，以保持针叶林常绿。北方针叶林地带的森林适合大部分荫蔽的、相对很少的阴生植物的生存。

另外，阔叶林适应了潮湿的、相对温和的中纬度气候，冬季的气温在0℃左右，其生长期要比北部长。阔叶树在每年的生长季末期落叶，又在春天的初期开始生长。在冬天，太阳光照射到这个生物群落的枯叶落叶层，这样在早春土壤表层开始变暖时，促使了地被植物和森林次冠层簇的生长。当簇叶冠盖开始发芽，叶子渐渐长大时，这些植物将进入它们的生长阶段。

地中海林地和灌木生物群落的植物适应了地中海地区的气候状况，即夏季炎热干燥，冬季温和多雨的气候类型。这个生物群落的典型植物是常青小叶灌木。它们的叶子带有典型的光亮涂层，能够在干燥季节保护其免受过度的光热和干燥，为了防止被动物吞食，叶子上通常分泌出食草性动物所不易觉察的芳香油物质。

温带森林的气候

比较三个森林植物群落的主要特点（见表1.2），北方针叶林生物群落的气候按照寇本期气候分类都是以D开头，这是指多雪气候。这里最温暖月份的平均温度超过50℉（约10℃），最寒冷的月份温度极低。在Dfd气候统计图中，最寒冷的月份气温下降到-36.4℉（约-38℃）。大多数地区常年降雨，但是一些地区（Dw气候）冬季比较干燥。

温带落叶阔叶林生物群落在寇本期气候分类（Cf、Cfa、Cfb、Cfc）

表1.2 北方针叶林生物群落、温带落叶阔叶林生物群落和地中海林地及灌木生物群落的比较

分类	北方针叶林生物群落	温带落叶阔叶林生物群落	地中海林地和灌木生物群落
地理位置	北半球的北极树木线以南	北美东部的中纬度地区，欧亚大陆西部及东北部，南美西部的中纬度小部分的偏远地区	地中海流域和新世界的地中海地区，南非和澳大利亚
气候控制	亚北极区纬度	中纬度	中纬度，沿海地区海洋对漫长干季所造成的影响
气候模式（每年）	冬季寒冷漫长，夏季温暖短暂	四季分明，冬季气温达到0℃	冬季气温温暖，夏季炎热干燥
降雨量控制	极锋的积极性转接	夏季对流雨，大西洋飓风，亚洲季风	夏季稳定的超高压细胞
整体降雨量	15~20英寸（约380~500毫米）	30~50英寸（约760~1270毫米）	10~40英寸（约250~1000毫米）
季节性	冬季漫长，土壤冰冻	夏季温暖或炎热，冬季凉爽或寒冷	冬季降雨，夏季干旱
气候类型	寒冷雪气候	温润温带气候，春、夏、秋分明，冬凉爽或寒冷	冬季温暖（无霜），春季温和潮湿，夏季炎热干燥，秋季干燥
主要生长形式	多为常青针叶林	落叶阔叶林	常青，有芳香油气味的小灌木
主要土壤形成过程	土壤灰化作用	土壤灰化作用	严重风化和面侵蚀
主要土壤顺序	灰土	淋溶土和老成土	不同地区化的干热淋溶土

续　表

分类	北方针叶林生物群落	温带落叶阔叶林生物群落	地中海林地和灌木生物群落
土壤特点	多沙, 灰色的A层土, B层土中矿物质的积聚; 土地肥沃性差	硅酸盐矿物在B层土积聚的灰色森林土; 一些土壤肥沃的淋溶土; 由于多雨在南部地区形成的淋溶土(老成土)	由于人类的使用而降解的自然可生产性土壤; 由于缺乏水的浸润而形成的表面铜土
典型哺乳动物	毛皮动物, 例如山猫和黄鼠狼; 大型鹿科动物, 如北美麋鹿和美洲赤鹿, 全年活跃	不同的树种和陆栖种形式, 有一些动物冬眠	很少与此生物群落有彼特有的关系
生物多样性	适中	高	低或适中非丰博斯
年龄	全新世: 处于当前分布和动物聚集的后更新世年代	古代: 第三纪起源	全新世: 当前生物群落的表达方法归因于人类对土地的使用, 如砍伐, 燃烧和放牧
当前状况	气候变化正推进北部边境向北极移动, 而落叶林也正向生物群落的南部边境推移	气候变化正改变植被, 树木砍伐, 居住区发展, 通往森林的交通, 在美国部分地区的退耕还林	由于几千年来人类的使用, 居住区的发展和植物的引进都在改变着当前物种的构成

中，属于常湿温暖性气候类型（Cf）。这是典型的无干季的湿润温带气候，在冬季气温达到冰点。在一年中，降雨量对于植物的生长来说是足够的，这些地区从北向南的温度有所变化，一般来说，在南部地区，夏季对流雨、大西洋飓风和亚洲季风会产生大量的降雨，因此，南部地区的温度要比北部高。

地中海林地和灌木群落在寇本期气候分类（Cs、Csa、Csb）中，与地中海气候（Cs）有关。在冬季偶尔有冰冻出现，特有的夏季干燥季节使这里的气候和其他地方的气候有所不同，并在气温达到最高点时特殊的植被出现了。

温带森林的土壤

在整个温带森林生物群落中，温带森林地区的气候对土壤的形成和本地区所具备特点方面起着重要的作用。在潮湿的北部和落叶阔叶林地区，灰化作用（上层土的浸出和下层土物质的积聚）是主要的土壤形成过程。在整个北方针叶林生物群落中，出现了多沙、灰色的A层土和B层土中矿物质的积聚。在中纬度的落叶阔叶林生物群落中，硅酸盐矿物在B层土中积聚，每年的树木落叶和分解在季节上丰富了A层土。尤其是在这些地区的南部，随着降雨量的增加，矿物质的析出导致了土壤贫瘠。

由于气候的原因，地中海林地和灌木地区生物群落经常受到严重的侵蚀。频繁的人类活动造成了土壤大面积腐蚀，土壤变得既薄又坚硬，只有小面积的未受影响的土地具备适合植物生长的土壤环境。

环境对温带森林的影响

所有的温带森林生物群落都受到环境的影响。北方针叶林和落叶阔叶林生物群落，受天气变化的影响最为严重。由于全球变暖，这两个群落的北部边境正向北推移，落叶阔叶林植被不断向南部边缘地区推进，北部森林受温度不断增高的影响而向北移动。这两个森林植物群落遭受现代砍伐和矿物开采、交通和其他基础设施的开发，尤其是在落叶阔叶林地区，人类的居住以及相关的生活、生产活动，将对这一地区产生深远的影响。目前，在整个温带落叶阔叶林地区，农业耕地已开始退耕还林，这加快了整个森林的扩大。在地中海林地和灌木地区，由于几千年来人类的活动，森林发生了改变，同时也改变了生物群落的部分地区。目前，来自于居住区和附属设施的建设、工厂的建立、人工种植的植物代替了那些残留的自然植物（例如在地中海地区许多葡萄园的建立）。

生物群落和全球生态带

　　本章所使用的生物群落术语有别于联合国食物与农业组织所提出的"全球生物带"，"全球生物带"不是从全球和大陆，而是从单独的生物地域角度来研究问题的。对这些地带整体的研究是了解生物群落信息的一个较好的来源，因此对于每一个生物群落所对应的FAD地带，我们将分别在不同的章节进行描述。对于每一个生物区域所具备的特点和整体空间范围的了解以及某一年每个区域地区性的聚集，都是提供未来变化评价的基础。这些变化发生的原因是持续的气候变化（全球变暖）和人类活动对各个生物地区的影响的结果。

第二章
北方针叶林生物群落

北方针叶林生物群落中的树木大多是呈锥形的针叶树，它们在北美北部和欧亚大陆的北部绵延生长。两极森林带（见图 2.1）与气候学家所称的北方气候带的位置恰巧吻合，因此我们称之为北方针叶林带。在

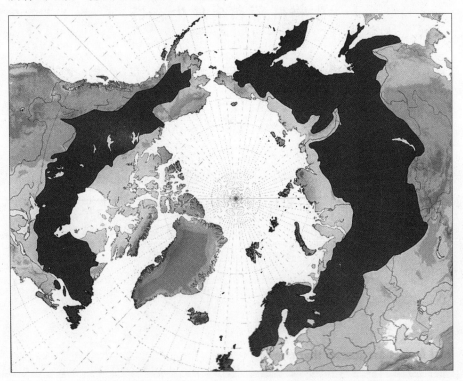

图2.1　极地的北方针叶林带　（伯纳德·库恩尼克提供）

其他的图书资料和翻译中也用到过别的专业术语或者直接用国外的表达方法，例如常青针叶林、针叶林林地、北方针叶林、西伯利亚针叶林（最初为俄罗斯的表达方法）。在本章我们使用"北方针叶林"和"北方针叶林生物群落"的称谓，是为了强调这片森林在地理位置上主要分布在北半球高纬度地区的北方气候带中。在北美大陆和欧亚大陆的植被各占据500万平方英里（整个约为1300万平方千米），并且类型单一。北方针叶林生物群落大约占据了整个地球森林面积的1/3。

对这两个大陆的北方针叶林地带的科学探索，在很大程度上是由于经济上的一些原因。我们做了一些作为科学基础方面的现代森林管理的调查来辨别生物群落的类型和生长率，使之适应一种或几种在经济方面的使用，例如锯木材、纸浆用木材、燃料和压缩泥炭苔藓。起初，木材产品是科学探索中次要的问题，森林被认为是早期探险家所发现的毛皮动物栖息地。事实上，在北美和欧亚大陆的北方针叶林地区，动物的毛皮被认为是早期人们为经济而探索的主要原因。

在北美，对北方针叶林的早期探索始于那些和印第安人、狩猎者做毛皮交易的商人。詹姆斯·库克船长在1778年到达西北太平洋地区。他的继任者——克勒克船长，在一年后将水獭毛皮交易到中国。北美西北太平洋地区的海岸线由罗伯特·格林船长在1792年绘制，地图包括了沿着河流通往内地的交通线路，其中最重要的是哥伦比亚河及其支流。英国探险家亚历山大·麦肯吉在1773年穿越加拿大并记载了许多他所看到的生物资源。对落基山脉、斯内克河和哥伦比亚河沿岸地区及大瀑布沿岸地区的北方针叶林的描述，是由路易斯和克拉克远征队（1803—1806）提供的。为加拿大北部和西部地区的哈德逊湾公司工作的博物学

注：西北太平洋地区（Pacific Northwest）是指美国西北地区和加拿大的西南地区。

家们绘制了沿北极树木线的清晰的地图。在冬天，森林中的树木为那些捕猎者提供了躲避处，此外，由于木材是燃料和制作雪鞋、雪橇的原材料，因此，在什么地方能找到树木是北方针叶林苔原地区的毛皮动物狩猎者更感兴趣的一件事情。

自从那时起，对北方针叶林的科学探索有了重大的改变。尽管对自然资源的描述在19世纪和20世纪初非常重要，但20世纪后半叶这些研究工作发生了变化。起初，植物和天气之间的相互关系构成了这些调查研究的基础。后来，另外一些物理因素，例如土壤也被纳入这些研究中。像F.K.海尔那样的科学家正试图研究在地区气候特点和北方针叶林之间所构成的相互联系。其他科学家，例如J.S.罗威认识到了森林林地的物理环境因素间的巨大复杂性，于是他按照一些标准去描述横跨加拿大的35种不同的针叶林地带。莱斯利和他的同事指出了火在一些北方针叶林生物群落进化的过程中的重要性。这也是詹姆斯在研究中所强调的关于更多种北方针叶林生物群落类型描述的事实。

在欧亚大陆，对北方针叶林的研究已经持续了很长一段时间，这与在斯堪的纳维亚和俄罗斯西部的木材资源开发有关。俄罗斯对北方针叶林的森林生态的研究始于1945年。相对来说，北方针叶林地区仍未被完全开发，我们已经做出了一些努力去发展这个生态系统模式，同时也是为了更好地理解加拿大北方针叶林地区相互之间的关系。作为对全球变暖影响明显的两极树木线的变化一直是20世纪80年代科学家关注的焦点。我们所做的研究是在试验站进行的，我们的主要研究对象是森林动态学和森林资源的发展政策。

北方针叶林生物群落概貌

北方针叶林生物群落在地理位置上主要位于北美和欧亚大陆的广阔

地带（见图2.1），而且在一些欧亚区域也非常重要，这些地区包括山林植被、山上针叶林和北美山脉西部的海生针叶林，以及沿北美东部山脊到阿巴拉契亚山脉南部的地区、欧亚大陆的高纬度地区都有北方针叶林的存在。

北方针叶林的特点是，在其分布地区的植物群落中，树种的数量相对来说较少。这些植物群落的构成是由这个地区的物理环境（气候、地质和地貌）、地区土壤和排水条件决定的。

图2.2　云杉、松树、白桦　（L.苏·波利提供）

此外，火的影响也非常重要。北方针叶林的大多数地区在更新世冰川的作用下被冰川所覆盖，它们被不规则的地面冰碛和其他的冰河特征所覆盖，并且排水系统也非常差。因此，在这两个大陆的北方针叶林地区，沼泽湿地较为常见。在这个生物群落北部地区中永久冻土层的不规则性进一步造成了连续的、亚进化顶极和顶极生物群落的镶嵌式改变，它们都对不断变化的环境非常敏感。

总体来说，四大类型针叶树木存在于这两个大陆中：云杉、冷杉、松树和落叶松木（见图2.2）。这些针叶树作为主要树种促成了北方针叶林名称的使用。在这个地区，两大类阔叶树——白桦树和杨树很常见，这些落叶林沿着池塘和湖泊的水道生长，在这个生物群落的不同的地理位置，生长着不同种的白桦树和杨树。

这两个大陆的北方针叶林地区的地面，曾多为冰川地带或分布不均

图2.3　红云杉　（苏珊·L.伍德沃德提供）

冷杉和云杉的区别

　　冷杉和云杉都是松科家族的常青针叶树。高度超过200英尺（约60米）的大树，其中冷杉的一个最显著的特点就是，它的针叶是用类似小型吸盘样的东西连到树枝上的。第二个特点就是，冷杉的圆柱形种子——果球，是直立地生长在树枝上。

　　云杉，它的树枝是轮生的（树枝稍微朝上并从树根开始以螺旋方式向上生长）。它们的针叶也是以螺旋的形式连接到树枝上的。与冷杉的果球生长不同的是，云杉的种子果球往往按照一个角度从树枝向下生长（见图2.3）。

的永久冻土层。北方针叶林生物群落的北部边界和北极圈南部的树木线相一致；树木线北部由于永久冻土层的原因，可能使树木不生长，因此在这里生长的北方针叶林生物群落都适应了冻土地带的特点。在北美大陆，树木线自西向东移动，从阿拉斯加西北部海岸大约北纬60°开始，绕过海岸线向北至大约北纬68°，沿着纬线向东至西经120°，然后向下和向东倾斜至哈德逊湾的南部海岸，最后向东北方向穿越拉布拉多岛，在加拿大东部西经58°处和大西洋会合。在欧亚大陆，北部树木线始于挪威北部西海岸，继续向东延伸100米至南部，然后一直向南到西伯利亚中部的乌拉尔山脉东部。在北美和欧亚大陆，这条树木线以北树木的生长被地面永久的冻土层所阻碍，全球变暖现象可能会将树木线向北推移，但是推移的范围还有待观察。

　　北方针叶林生物群落的主要组成部分是以北方针叶林带为形式存在的，它的平均宽度为横跨北美600英里（约1000千米），有时能达到1250英里（约2000千米）——这是从麦肯齐河三角洲到阿尔伯达南部山脉和蒙大拿州北部的距离。在欧亚大陆西部（斯堪的纳维亚和俄罗斯西部），北方针叶林带也同样很宽阔（大约为600英里或1000千米）。在欧亚大陆的乌拉尔山脉以东，北方针叶林带向太平洋延伸，大约为1850英里（约3000千米），并且向南北方向延伸，从北极海岸一直到贝加尔湖以南，向东延伸至南部到达中国的内蒙古和北部边境。在北美和欧亚大陆，北方针叶林向南延伸，并出现了以北方针叶林植被为特点的孤立断层山的地理区域。在北美大陆（见图2.4），北方针叶林带几乎覆盖了陆地面积

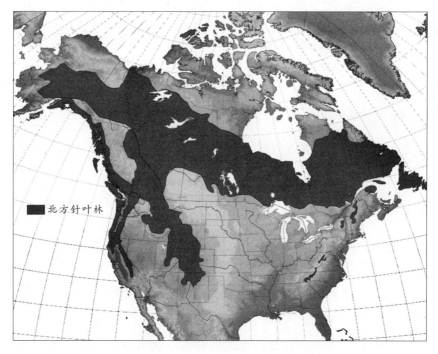

图2.4　北美的北方针叶林带　（伯纳德·库恩尼克提供）

的28%，有些沿着北方针叶林带一直向南延伸。高海拔使到达树木线的森林地带气候凉爽，北方针叶林生物群落沿着海岸山脉，从加拿大北部一直延伸到加利福尼亚北部。在英属哥伦比亚省南部，喀斯喀特–内华达山脉沿海岸山脉东部延伸，远离西部的皮吉特海峡–威拉梅特山谷–罗格山谷，在俄勒冈南部和加利福尼亚北部的克拉马斯又一次与海岸山脉相连。从那里，内华达山脉继续延伸至大峡谷以东一直向南至墨西哥边界，这是从加拿大北部到美国南部边界沿着落基山脉的大面积地区。落基山脉比其他山区拥有更高的海拔，在树木线之上的地区，构成了真正的高山冻原带，并沿着山脉的主干延伸。

由于海拔高度和暴露于潮湿的环境下（地形效应），一些以断层山形式存在的北方针叶林老围层区的气候特点有助于森林植被的生长，俄勒冈州的蓝岭地区和瓦洛厄山脉就属于这种类型。北方针叶林带延伸的第三个范围是沿着阿巴拉契亚山脉北部一直向南，这个地区是北方针叶林生物群落和温带生物群落的过渡区域（群落交错区）。

气候环境

北方针叶林生物群落，这个穿越北美和欧亚大陆的广阔森林带与我

地形和雨影效应

在信风吹过的山脉，会发生地形和雨影效应。

地形作用发生在信风将温暖潮湿的空气吹向山脉的时候。当上升的空气变凉爽时，水蒸气即凝结成液体并作为降水在山脉的迎风坡形成。云在山脉迎风坡也较为常见。这些没有潮湿气体的气团，继续移动并穿越山脉，然后在山脉的另一侧成为干燥的空气下降。

这些温暖、干燥的空气接着到达了山脉的背风坡，这就形成了"雨影效应"。

让我们举个例子来说明这种现象。俄勒冈州的尤金位于喀斯喀特山脉的迎风坡上，由于地形作用，每年的降水量大约为47英寸（约1195毫米）。而本德则位于喀斯喀特山脉的东部，处在雨影效应下，这个地方每年的降水量为12英寸（约305毫米）。如果你穿过麦肯锡山口（海拔约1623米）去这两个城市旅行，站在山顶上，你会发现有许多不同：向西看，你能看到由于降水充足而生长的枝叶繁茂的大冷杉和北美黄杉；而在东面，你能看到有北美黄松生长的广袤区域，再向东延伸，就出现了由蒿属植物和丛生禾草生长的沙漠。

们所称的北方寒温带、低温气候和雪森林气候巧合。在我们经常使用的气候分类，即寇本期气候分类中，北方针叶林生物群落与亚北极区，还有寒冷大陆气候类型（Dfc、Dfd、Dwc、Dwd）相一致（见图2.5、2.6、2.7和表1.1）。

目前，我们发现在这些气候区域中，有6个月的平均气温在0℃或0℃以下，夏季短暂，温度从凉爽到温暖，无霜冻天气大约有50~100天。最寒冷月份的平均气温为26.6℉（约-3℃），最温暖月份的平均气温在50℉（约10℃）以上。50℉（约10℃）的夏季等温线标志着向两极方向森林生长的极限。北方针叶林带生物群落延伸至其他气候区域中，例如北美西海岸的地中海气候（Cfc、Cfb、Csb）、北美内陆山区季风气候区域、北美东部山脊潮湿的亚热带气候（见表1.1）。在北方针叶林生物群落中最显著的气候特点就是在一年中要经历大范围的温度变化。唯一的例外就是临近海洋的地区对高气温变化有一定的影响。在北方针叶林带，平均月气温变化最大的地区在西伯利亚东部。在俄罗斯的雅库茨克，1月份的平均气温为-40℉（约-40℃），7月份的平均气温是61℉（约

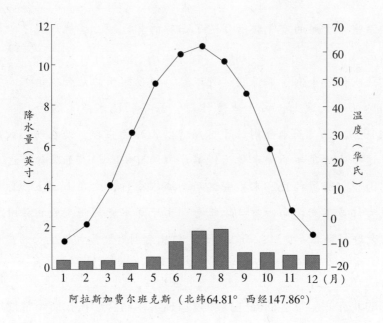

阿拉斯加费尔班克斯（北纬64.81° 西经147.86°）

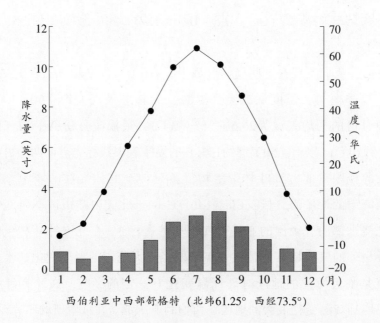

西伯利亚中西部舒格特（北纬61.25° 西经73.5°）

图 2.5　夏季凉爽型气候图例　（杰夫·迪克逊提供）

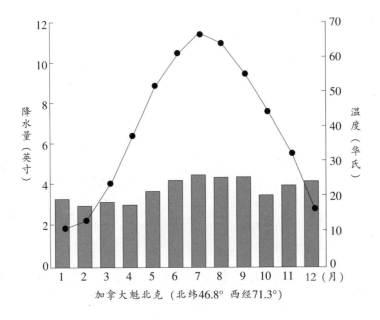

加拿大魁北克（北纬46.8° 西经71.3°）

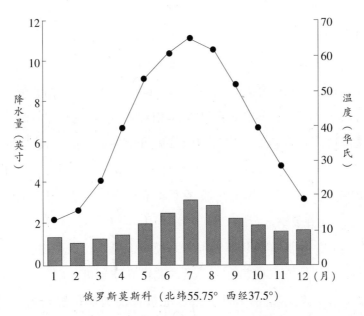

俄罗斯莫斯科（北纬55.75° 西经37.5°）

图 2.6　夏季温暖型气候图例　（杰夫·迪克逊提供）

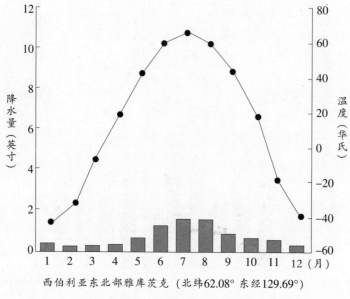

西伯利亚东北部雅库茨克（北纬62.08° 东经129.69°）

图 2.7 冬季干冷的大陆型气候图例 （杰夫·迪克逊提供）

16℃）。在俄罗斯的维尔霍扬斯克，有记载的温度极限为–90℉（约–68℃）和90℉（约32℃）。

降雨量对于森林的生长起着至关重要的作用。在北美和欧亚大陆的北方针叶林带，平均每年的降雨量为15～20英寸（约380～500毫米），在温暖潮湿的气候带中，这样的降水量是相对较少的。在北方针叶林地区的较低气温使蒸发率较低，这种潮湿气候可促使森林的生长。此外，数不清的湖泊、池塘、河流、沼泽、湿地，点缀在森林中，并为此提供了必需的水分。冬季气候非常干燥(在西伯利亚东部，冬季干旱)，超过一半的降水量发生在夏季。

在北美，生物群落的北部界限和北极锋的夏季位置相吻合，这是不同空气团聚集的地方。在北方，干燥的北极和陆地极地空气团控制了整个气候，这个生物群落的南部界限和北极锋的南部位置相吻合。在冬季，树木线的年最低气温达到–40℉（约–40℃）。在最低气温和北方生物

分解过程很不活跃，并因针叶林的生长而进一步放缓。酸性物质的缓慢滤出（主要为单宁酸）并进入上层土，这与那些蒸发最小的常青针叶树的遮蔽效果有关，这样就形成了潮湿的酸性上层土壤。糟糕的排水状况和被水浸泡的土壤使营养物质的循环处于一个很低的水平（和更多的南方生物群落相比），且大大地影响了这个生物群落植物的分布和循环。

植 物 状 况

北方针叶林生物群落的主要树种为：针叶树（又称作裸子植物）。它们能在气候条件差、稀薄酸性的环境下生存。针叶树是这个生物群落的主要生长形式，然而相对较少的几类物种，常青云杉、松树、冷杉、落叶松本和美洲落叶松也能在此生长。

北方针叶林的植物典型结构是单株的树和它的伞体（见图2.8）。在

图 2.8　北方针叶林带植被轮廓图　（杰夫·迪克逊提供）

这两个大陆上，针叶林包括一种或两种树木。在整个生物群落的北美部分的一些地区，主要的树种是冷杉。在欧亚大陆的北方森林带、斯堪的纳维亚和俄罗斯西部，欧洲赤松生长很普遍，它也是西伯利亚针叶林带的主要树种。在这个地区的云杉，有挪威云杉和西伯利亚云杉。在这个森林带的东部，西伯利亚的广袤地区和湿地地带，落叶松占据了整个森林带的北部边境。在树木的伞体下面，几乎没有灌木生存，最低或者地面的那层生长着由地衣和苔藓组成的地被植物。这一层有一些低灌木丛，如石楠植物家族的成员和分布较少的草本植物，例如酢浆草。在这两个地区中，落叶阔叶树和灌木在早期连续的群落中很普遍。在两大洲的自然植被进化中，最普遍的落叶阔叶树是赤杨、白桦和白杨。这种循环的连续过程包括了氮气稀少的云杉-冷杉森林和含氮气丰富的白杨，多年来它们都在同一地点交替轮流存在着。据估计，北方针叶林生物群落的植被高峰交替循环过程是每隔200多年为一个周期。

常青松柏（冷杉、云杉和松树）和北方针叶林中的落叶松的特点是呈圆锥状或螺旋状。它们适应了凉爽和寒冷的气温、漫长艰难而又干旱的冬季，以及生长期短等方方面面。树木的圆锥形能够分散部分积雪，从而减少由于积雪过多而造成树枝的断裂，叶子呈针叶形状也是一种优势，因为相对狭窄的树叶使水分在蒸发过程中流失很少，地面结冻阻止了树木补充土壤中的水分，这在干燥的冬季尤为重要。此外，北方针叶树的针叶有相对较厚的防水蜡涂层（表皮层），蜡涂层上有许多小孔，它们能进一步使针叶免受移动气团所带来的干燥作用，尤其是在冬季伴随干旱而吹来的干燥风的影响。

北方针叶林的短暂生长季和相对较严寒的冬季，更有利于冷杉、云杉和松树的生长。针叶的存在能使这些树木在冬末春初气温开始上升的时候，很快发生光合作用。这使常青针叶树比落叶阔叶树更具有一种优势：它们不必在短暂的生长期浪费宝贵的时间来长出新叶子。这些针叶的深绿色能进一步帮助树木最大限度地吸收太阳光来提高叶子的温度，从而能在每年春初重新进行光合作用，即使是在早春气温波动的时候也能开始周期性光合作用。

常青针叶林的一个例外就是落叶松木。在北美，尤其是在美国的东北部和中西部，它经常被称作美洲落叶松。它们是对深绿色常青针叶树的一种点缀：它们的针叶颜色较浅，在春夏季通常为黄绿色。然而，常青针叶树和落叶松木之间的差异在秋季有所显现：落叶松木的针叶在落下前呈单调的金黄色，为深色常青针叶提供了更丰富的色彩。落叶松木在北方针叶林带是最主要的树木，也是永久冻土层中最基本的一层。落叶松木，如带有蜡涂层的云杉、冷杉和松树，都能够在天气极其干燥、寒冷的条件下生长。

漫长的冬季气温极其寒冷，冰冻的土壤层中缺乏水分，这使暴露于冬季寒风下的树叶更易受到由蒸发所带来的水分流失的破坏。北方针叶林物种的几个特点能够最大限度地减少这种损失，并在严寒的冬季基本处于睡眠的状态。在秋季，当气温下降的时候，针叶林的树叶似乎在慢慢变硬，当气温下降到低于-76℉（约-60℃）的时候，这种针叶能抵抗霜冻的威胁，树叶变硬的过程其实是存活下来的关键。例如云杉针叶树，如果在秋季气温下降时树叶不变硬的话，那么它们在19℉（约-7℃）的时候就会死去。在西伯利亚中东部北方针叶林带的内陆地区，冬季变得尤为寒冷和干燥，在这样的情况下，即使树木具备叶子变硬的特征也很难存活。因此，在寒冷季节开始，气温下降的时候，落叶松木和白桦树开始落叶，树叶的脱落阻止了光合作用对表面和对树木的破坏。这就是寒冷地区北方针叶林带的落叶松木、阔叶白桦树和白杨树茂盛的原因。

在整个北方针叶林群落的大部分地区，树木一般都不是很高（约50~80英尺或15~24米）。在距离北极树木线的位置，树木的高度有所降低，直至与矮小的针叶树、落叶松和苔原的交错地带相融合。在北美北方针叶林带，除了一些矮小的树木，还有一些例外，它们是生长在加拿大和美国西北太平洋地区向南延伸地区的巨大树木，如美国花旗松、大冷杉和铁杉。在北方针叶林带向南延伸的加拿大地区，沿海的巨杉和红杉最高高度达到200英尺（约60米）。

　　根据纬度的不同，气候是按带划分的（尤其是在无高山地区，距赤道越远温度越低）。在穿越北美和欧亚大陆的大多数北方针叶林带没有高山，所以纬度的分带划分就显得尤为重要。在北方针叶林带的北部边界，群落交错区和苔原地带出现。这两个生物群落的界限模糊，北方针叶林带经常深入群落交错区和苔原地带。针叶树遍及整个森林苔原交错地带（微气候使它们的生长成为可能），在此生物群落的北部边境，恶劣的气候条件使这些针叶树生长矮小。只有那些被冰雪覆盖并且没有受寒风侵袭和冰冻气候影响的针叶林，才能够在冬季生存，且不遭受破坏。这些北方针叶林散布的老围层经常在种子难以生长的环境下生存。要适应这样有限制的气候，就要通过一个叫作成层的繁殖过程，在北方针叶林带的北部边缘，也有矮小的落叶阔叶树。它们能在北方树木线处存活，树木的矮小和落叶的习性，使它们能够适应这种极端的气候。

　　从森林苔原交错地带向南一直到穿越北美和欧亚大陆北部的北方针

地面成层

　　在条件比较恶劣不适合植物正常生长的气候条件下，例如种子难以生长的高纬度的寒冷气温地区，植物的繁殖就出现了成层的过程。这是一个缓慢的过程，树枝变为触及地面的根而发芽（这就是外来根的形成）。一条新的主要的树枝会向上生长并形成一棵独立的树。新的根会支撑这样的树枝长成完整的大树。如果树枝和母树分离，分离的树独立存在。成层其实是一种无性繁殖行为。

叶林的宽阔地带，具有稀疏林冠的宽阔针叶林构成了下一个纬度带。它们被地面矮小的灌木、地衣和苔藓所覆盖。许多科学家称这个距离北方苔原交错地带南面的森林地带为真正的西伯利亚针叶林带（见图2.9）。

在北美，紧邻南部的下一个地带为常青针叶林带，它的特点是有封闭株冠覆盖的云杉和冷杉。在北方针叶林带最南端的地带为交错地带——

图2.9　俄罗斯西伯利亚针叶林带　（苏珊·L.伍德沃德提供）

从植物分布来看，有差异的混合交错地带。从西向东，不同植被类型和不同气候条件的交错，是从北方针叶林带南部，即北美的西部山区到大西洋海岸地区的特点。在西部山区的东面山坡，北方针叶林带与温带草原生物群落的矮草和高草相混合。这个交错地带一直向东延伸到大湖区。北方针叶林带和草原之间物种混合的特征集中体现在白杨公园地区，那些被矮草和高草所覆盖的分散的白杨树的开阔区域。从大湖区向东，温带潮湿气候有利于落叶阔叶林的生长。因此，在北方针叶林生物群落和温带落叶林生物群落的交错地带，被称为常青针叶林带，有东部

图2.10 北方针叶林带横截面 (杰夫·迪克逊提供)

白松和东部铁杉，还有落叶阔叶树，如北部的红橡树、美国山毛榉和糖槭。一些科学家把这种交错地带并入了温带阔叶林带的一部分，而不是混合地带（见图2.10）。

在欧亚大陆中，北方针叶林带的交错部分与北美的情况是一样的。然而，在欧亚大陆沿北方针叶林带的南部边界的气候条件却有所不同。在这个群落的南部边界，干燥和温暖的气候预示着蒸发作用的增强，而在北美北方生物群落南部边界的东半部降雨量却很多。在欧亚大陆的北方针叶林生物群落的南部交错地带，主要是森林草原的过渡，即随着纬度的降低，草原占据了主导地位。

北方针叶林带的镶嵌植被

北方针叶林带的特点是在整个生长过程中的不同阶段有着不同的植被镶嵌。诸多地区性因素，例如气候条件、地表形态和排水、营养的获得和数量、火和历史、植物生长阶段和种子可用性，这些都在植物镶嵌模式中占据了重要的地位。一些北方针叶林喜欢在干燥和排水条件好的地区生存，而另一些针叶林则喜欢在排水条件差、潮湿的地区生长。在很大程度上，镶嵌植被是湿地和森林的一种重复模式。

沼泽地 在冰河下沉期，排水条件差的地区出现了地势低、多水的洼地。北方针叶林带最显著的特征是在北部存在沼泽或洼地。"沼泽地"这个词来自于印度语，意为"晃动的土地"。因为当你在沼泽地干燥的地面上行走的时候，每走一步的感觉，就像在蹦床上一样。在这些潮湿地带，即使是在潮湿的春季，水藓或是泥炭藓构成了漂浮在静止水面上的吸水性强的草垫。这些草垫，成为苔原地带的植物生长的环境，例如石楠家族的小灌木丛——拉布拉多茶、越橘和蔓越橘等一些草本植物。沼泽玫瑰是在沼泽地区生存的陆生兰科植物。苔草通常被称作棉菅，也是沼泽地区的标志。落叶松木和黑云杉在池塘边生长，并以微小的形式侵蚀着沼泽的边缘。沼泽的环境一般为酸性（pH值为4.0），由于沼泽地区有苔藓草垫和几乎不与新鲜的水相融合的静止水，所以沼泽地营养物质含量极低。有一些不同寻常的植物适应了这种酸性的、营养差的环境，如猪笼草和毛毡苔。

我们需要格外注意的是有厚水藓覆盖的沼泽地带表面。水藓和泥炭藓对于积水来说是重要的物质，并影响了这个地区植物的生长。科学家发现只要有水藓存在，它在水中就有能力支撑相当于40倍重量的物体。大量的水的支撑，水藓就能够在这种环境下限制水中植物生长的类型，因为大多数植物的根都需要短暂的干燥期。当水藓区域形成的时候，它们会通过蒸发引起潮气的释放，因此对顺风的微气候环境有影响，并能帮助在周边环境中建立水藓草垫。

沼泽地是由在冰川世纪被挖出的池塘经过长期发展而形成的（见图2.10和图2.11）。此外，一些沼泽地的发展是云杉沼泽化的结果。科学家认为西伯利亚西部大约有三分之一的地方都被沼泽和相似的湿地所覆盖。在这里水浸每年都会发生，并使沼泽能够永久地存在。春季融化的水最早到达分水岭南部后，就会沿着山坡流入北冰洋。由于这个地区的北部依旧冰冻，向北流的融化水被冰所阻碍，引起紧邻河边的冲积平原发生洪水。在冲积平原地区，排水很差，因此出现了池塘，并为沼泽的产生做了准备。

图 2.11　过度生长的青苔沼泽地　（杰夫·迪克逊提供）

和沼泽稍微有差异的是湿地和低地。有苔草的湿地被称作沼泽（通常被称作有稍许咸味的海边沼泽）。沼泽（树木繁茂的湿地）只是在水流动的地方产生（即使水流动很慢）。在某种情况下，当海狸筑坝拦水时，暂时性的沼泽就形成了。植被类型的迅速变化就发生在这些受影响的地区，因为柳树、白杨和赤杨能在这种条件下茁壮成长，而不太耐水的物种事实上都被"淹没"了，生长的植物为地表提供了覆盖物，并成为许多哺乳动物和鸟类的食物来源。

森林斑块　在北美北方针叶林生物群落中，松树中最主要的树种是加拿大短叶松。主要生长在那些干燥地区，例如在更新世末期大陆冰川融化时所形成的沙丘地带和多沙的冰水沉积平原上。这些多沙地区通常排水系统较好，相对干燥，但是土壤营养物质低，所以冷杉和云杉都不能在这样的土壤上生长。

落叶松木大致是和永久冻土层平行或位于其下。因为没有山坡，水既不能向下流动也不能横向流动，所以这些地区的土壤通常被水浸泡。

与松树、云杉和冷杉相比，落叶松木具备更耐受水浸的基质。这些落叶松木有森林次冠层叶簇的稀疏林冠，由较低灌木和苔藓地衣等地被植物构成（在一些地区作为持续的地衣植物层），它只是在阿拉斯加地区存在。然而，在欧亚大陆，落叶松木很普遍，尤其在西伯利亚东部的雅内森河流域地区。这种极端的大陆气候状况，使这个地区大范围的永久冻土层存在，并为以落叶松木为主导的植物群落提供了其所需的环境条件。

北方针叶林带的植被循环

北方针叶林带一直处于不断的变化之中（即使这种变化发生在很长时间以前），在教科书中所提及的温带森林中有可能出现的生态延续，并没有在北方针叶林植物群落中出现。可是，所有的情况都表明，镶嵌植被不会长时间保持稳定，而是在不断地变化。土壤潮湿度、火、地下冻土层深度和厚度、森林地表有机物质的组成，以及营养的消耗，这些都随着有机土壤组成的变化而发生。这些复杂过程的内部联系还没有得到完全的调查和解释。然而，在森林生长和逐渐衰退的过程中，一种植被被另一种植被所取代的可能性将要在下面的内容中加以阐述。

火灾是在持续变化中最重要的一个因素。在北方针叶林带经常发生火灾（闪电是主要原因）。火灾在北美针叶林带发生的频率为50~200年一次，在生物群落东部的潮湿区域，500年发生一次火灾的频率更为常见。并不是每一次森林火灾都很大，火灾发生的范围平均为大约10~12英亩（约4~5公顷）。据说，北方针叶林生物群落发生过世界上最大的火灾，它延伸25万英亩（约10万公顷），并在很大范围内造成了严重的破坏。

由于北美的加拿大短叶松和欧亚大陆北部的欧洲赤松的树皮较厚，它们成为耐受火灾的少数树木。加拿大短叶松和黑云杉的叶子呈圆锥形（晚生），它们的松果只有在野生火温度增加的时候才能打开，种子在被大火毁坏的植被的地方发芽。因此，这些树木能够很快地再生。在森林火灾后还有一些入侵生长的植物，如白桦、白杨和杨树——种子微小的阔叶树很容易被微风吹散。它们在最近被燃烧的地方生根发芽，使这个地方的主要森林得以延续。如果白杨或其他的阔叶树被蔓延的树冠火所毁掉，它们的根会很快重新发芽。如果残干处的部分未受火灾热量的侵袭，它们就能在残干处再生。这样，如果火灾经常发生，阔叶树极强的再生能力迫使针叶树无法生存，最后取代了它们。火灾的结果就是相同年龄的单独树种代替了针叶林。火灾经常在分散区域零星发生，然而大的火灾并不常见。最终年龄相同的单一树种的早期演变造成了不同年代、不同树种的镶嵌分布。

没有火灾的发生而引起北美森林的进化时（例如，在排水较好的地区），我们发现白杨和白桦树正逐渐地被慢慢分散的云杉所代替。80~200年后（多半在150年后），寿命相对短暂的白杨、白桦树逐渐死亡。

这些树木的种子对环境有着很高的要求，它们在阔叶树冠或者是成熟的白云杉树荫下不能生长得很好。因此，白云杉在这样的地方将会成为主要的树种，并且在未来150年或200年继续生长。在这期间，白云杉减少了其在土壤中氮元素的含量。氮对于植物的生长是很有必要的。云杉的树根从土壤中汲取营养，这些营养物质被树干、树皮、树枝和树木的针叶所吸收。当针叶脱落时，它们腐烂得很缓慢（针叶的厚厚的蜡层起了这样的作用）。由于云杉林腐烂的速度慢，在特定的时间里，与从云杉的根系中移除的营养物质相比，很少量的营养物质又回到了土壤中。土壤中氮元素的逐步释放造成了云杉的生长缓慢进而影响了树木的健康。这样，脆弱的云杉变得极易受到不同昆虫和疾病的攻击。因为缺乏合适的营养物质，以及昆虫和疾病的攻击，云杉逐渐枯死。当云杉枯死时，树尖出现了小孔，这些小孔能够让阳光照耀到森林植被上面，植被上的阳光能够到达未被腐烂的云杉所释放的有机物质中。太阳的光照加快了落叶层腐烂的速度，同时也加快了有利于种子成长的氮元素的释放。云杉的死亡和树尖上的小孔使富含有机物质（森林枯枝落叶层）和苔藓的地面变得干燥，从而使这个地区更易于发生火灾，白杨和白桦树的种子因此获得了生长机会。即使没有火将有机物质燃烧掉，云杉的树尖没有小孔，白杨和白桦树也能生长，并开始下一次持续的发展过程，氮元素含量低的土壤上更易生长白桦树和白杨树，因为它们在根部的小结节上有固着氮的细菌。一旦在这样地区生长，白桦树和白杨树将继续它们短暂生命的循环。每年这些阔叶树都要脱落那些富含氮元素的叶子，它们的腐烂会丰富土壤中氮的含量，从而使这些地区又一次变得适合白云杉的生长。

土壤中的氮含量对北方针叶林生物群落来说至关重要。氮气含量低或者缺乏这种必需的营养，会阻止针叶林的生存和发展。针叶林依靠吸收氮气来生存，其他的植物，像苔藓和地衣，也促进了土壤中氮气的消耗。这样，作为整个循环过程的一部分，氮气的消耗导致了针叶树的枯死。在干燥的地方，松树和云杉下的地被植物构成了地表，这层颜色稍浅的地衣能够反射太阳光，降低土壤温度，从而使土壤积聚的有机物质分解率下降，进而获得那些植物生长必需的营养物质，使其能处在一个维持树木生长的环境中。

苔藓比地衣更能够适应潮湿的气候，在森林密集或是潮湿的条件下，它能够在地表生长得很好。苔藓其实没有根或真正的维管体系。它们从绿叶植物中吸收了水分，在这个过程中，滤出或吸收在水中溶解的营养物质。因此，通过苔藓的滤出而到达地面的潮气中就不含有任何营养物质了。地面苔藓可能会加速土壤中营养物质的分解，因为其他植物的根会将营养物质带走。苔藓对于土壤的化学作用还有其他一些影响，它们能够吸收并维持浸水区域所需要的大量的水分（是它们本身重量的4000倍）。由于水分并不和空气接触，厌氧环境在地表形成，这就阻止了用植物营养补给土壤，降低了有机物质的分解。

苔藓也是在土壤表面的一个绝缘毯。随着土壤温度的降低，有机物质的分解率也降低了，这样，在腐烂植物和依赖腐烂植物生存的根之间的营养循环就变得缓慢或停止，枯死的针叶林和苔藓无法分解而造成森林中地面的有机物质层变得很厚。例如在阿拉斯加的内陆地区生长的黑云杉，腐殖层达到8~12英寸（约20~30厘米）。森林地表的厚厚的有机物质层阻止了云杉种子根部到达土壤层，从而延迟了云杉的再生。经过很长时间，云杉不能再生而枯死，代替它的是无树木生长的苔藓、低矮灌木和草本植物，这个过程被称作沼泽化。这也是水藓侵蚀的最初阶段。水藓生长在凉爽、潮湿和酸性的环境中，并能形成沼泽，在长时间内，都以灌木、苔草和杂草的形式出现。

苔藓也是云杉林的主要破坏者。科学家发现，苔藓和高酸性的土壤环境，是破坏和树根有密切关系的能从土壤中汲取营养物质的真菌类植物。我们发现苔藓能够产生足够多的土壤酸性水分，来释放土壤层的矿物质——铝。从土壤中脱离的铝对大多数植物非常有害，能造成树木的死亡。厚厚的苔藓层导致了永久冻土层的上升，当永久冻土层上升到接近地面时，那些浅根的树木就死亡了。

动物的生活

在北美和欧亚大陆北部的针叶林地区，动物的生活完全依靠它们能够获得的有限的食物。对于大多数食草动物来说，针叶树的针叶不是那么美味（除了一些在深雪覆盖下的可食物质，像新生长的花蕾），营养价值相对来说也比较低。食草动物主要以地表植物、阔叶树和在沼泽附近生长的灌木为食，同时它们也以经过燃烧和其他干扰的阔叶林植物为食。针叶树的种子是一些哺乳动物和鸟类的主要食物来源，然而，在特定的地区，每年松果的产量是不同的。因此，动物不能完全依靠松柏类植物的松果来获得食物，它们可能会被迫迁徙到南方去度过食物缺乏的冬天。

许多哺乳动物和鸟类在食物充足的北方针叶林带停留，也就是说，它们能够在北美和欧亚大陆靠近北极的地区生息。在食物缺乏的时候，它们向北方针叶林带的南部迁移，在本章中将为您描述在这一地区非常有名的动物，以及一些具有代表性的动物。在北方针叶林带最大的、最有代表性的动物是北美麋鹿，这些鹿经常以树木、灌木和湿地植物为食。北美麋鹿喜食池塘、小河和湿地边缘的白杨和柳树等绿叶植物。在欧洲北部，通常被称作赤鹿的美洲赤鹿或驼鹿是鹿家族的另一大成员。这些动物的食物通常是草。我们经常看到它们在北方针叶林带的开阔地带吃草，那里充足的阳光和水分有利于地表层草的生长。在冬季，驼鹿会用蹄子翻找雪堆，尽可能找到有草生长的地方；如果雪太厚的话，它们就会去吃露在雪层上面的细枝嫩叶和灌木。北方针叶林带是鹿家族的另外一个温暖的家，在欧亚大陆北部，我们称作北美驯鹿或野生驯鹿的动物就生活在这里。当冬季结束的时候，大群的驯鹿开始了它们每年一度的春季迁徙，向北进入两个大陆的北极苔原地带。在这里，这些食草动物要产崽，并喂养幼崽到秋季末期，然后它们再度回到北方针叶林带过冬。森林地带的北美驯鹿作为亚物种全年生活在林地中。所有的北美驯鹿都以地衣为食物，它们最喜欢吃的是驯鹿苔藓。在夏季，北美驯鹿以苔原带的阔叶林植物叶子为食物，冬季的时候，它们吃在积雪下能够挖到的地衣以及阔叶林树叶和嫩枝。和其他北方针叶林带的动物一样，驯鹿在很大程度上依赖在夏季储存和积聚的身体中的脂肪来生存。在北方针叶林地区，另一类大型哺乳动物是麝香牛。

在北方针叶林带中的大型食肉动物有棕熊（也被称作北美灰熊）、狼和山猫。棕熊是杂食动物，以树根、球茎、浆果，甚至杂草和苔草为食物，也吃鱼和肉。棕熊用强有力的爪子来挖树根，也能挖掘田鼠、老鼠和兔子洞，而且棕熊还是捕鱼能手。在电影中，我们经常能看到北美灰熊在不结冰的河里捕鱼。棕熊还能使年幼体弱的幼崽远离大型哺乳动物。在这两个大陆的北方针叶林带中，捕食小动物的食肉动物还有赤狐和一些鼬鼠家族动物。其中，貂熊在一年中的大部分时间是食腐动物，其他的鼬鼠包括貂，是世界上最小的食肉动物。所有的食肉动物都是毛皮动物，它们是猎人追逐的目标，并对在整个森林居住的居民的经济起着重要的作用。在很大程度上，狩猎毛皮动物促进了北方针叶林带的商业开发。

在北方生物群落中具有代表性的小型哺乳食草动物包括田鼠、野鼠、松鼠和野兔。它们种群数量的变化，对以它们为食物的食肉动物有着直接的影响。周期性动物数量的增加和在这个生物群落中许多物种所经历的毁坏，是在北方针叶林带生活的动物的显著特征。文中所阐述的北美雪鞋野兔和小猫生命循环的例子的周期为10年。在火灾和其他干扰将大面积的针叶林树冠刈除之后，灌木、阔叶树和作为地被植物的草在这

北方针叶林带动物皮毛颜色的季节变化

由于季节的变化，北方针叶林带的一些动物的皮毛会发生颜色的改变。这种变化能够更好地伪装它们：（1）使它们不易被猎物发现。（2）使它们不易被捕食者发现（在某些情况下，两种原因都存在）。例如扫雪貂、北极狼、北极狐和雪鞋兔。在每年地面没有被雪覆盖的时候，它们的皮毛是土地的颜色（棕色、灰色和红色）。当寒冷冬季到来的时候，它们就褪去夏季的皮毛（深色的皮毛慢慢脱落）而长出白色的厚厚的适合冬季生长的毛。随着温暖天气的到来，它们的皮毛又被深色、薄薄的皮毛所代替。冬季的厚重皮毛是猎人和毛皮捕猎者猎杀动物的原因。

里蓬勃生长，这样，雪鞋野兔的食物就变得丰富了。它们主要以树上的嫩枝、草和阔叶林树叶为食，野兔数量的增加会引起它的主要捕食者山猫的数量的增长。由于自然循环所造成的植被的变化，雪鞋野兔所需要的食物供给下降，山猫的数量增加，这样，在捕食动物的袭击和日益减少的食物供给的双重影响下，雪鞋野兔的数量迅速下降。山猫将面临它的主要猎食动物的减少。于是，山猫开始猎食其他动物，例如松鸡和田鼠，因此这些动物的数量也有所减少，最后山猫将面临严重的食物短缺，它们的数量也迅速下降。这种猎食动物数量的骤减，使雪鞋野兔的数量再一次上升，当雪鞋野兔数量恢复的时候，山猫又来进攻雪鞋野兔，从而使松鸡和田鼠的数量得以恢复。雪鞋野兔数量的增长使山猫数量迅速增长，循环过程又一次继续。

在这两个大陆上，北方针叶林带中的留鸟有渡鸦，松鸡类中的柳雷鸟、啄木鸟和大灰林鸮类的猫头鹰。在夏季，鸣鸟的数量很多，它们中的大多数都来自低纬度地区并在北方针叶林带繁殖。除山雀外，很少有鸟类全年都居住在这里。红弱鸟和红交嘴雀主要以针叶林种子为食，它们是北方针叶林带的流浪者，不断搜寻有松果的地方。它们在北方针叶林带居住，完全以针叶林种子为食。在种子充足的时候，它们全年都停留在这里。然而在种子缺乏的时候，它们开始大规模地迁移至南方，这也叫作急剧繁殖。当这种情况出现的时候，我们在弗吉尼亚和亚利桑那州都能看到红交嘴鸟。

在温暖季节，北方针叶林带飞虫的数量大大增加。人们和一些动物对大量的蚊子和黑蝇感到讨厌。然而，这些昆虫却是每年迁徙到北部森林中繁殖的鸣鸟的主要食物来源。有些昆虫被认为是害虫，森林管理员不喜欢它们，它们会大片地吃掉树叶，导致树木死亡。在北美的北方针叶林带，破坏针叶林的罪魁祸首是云杉蚜虫，同样对欧亚针叶林带有严重危害的还有长角甲虫和西伯利亚桑蚕。在这两个大陆，令人讨厌的昆虫、害虫经历了迅速的数量增长和最终的下降阶段,这和我们上面所提及的雪鞋野兔和山猫的情况相似。这些昆虫数量的迅速增加几乎和植被循环相平行,因为它们只是袭击那些体弱和将死的树木,很少对健康的树木有所威胁。

北美针叶林生物群落

从阿拉斯加西部边界开始,向布鲁克斯岭南部斜坡进发,然后穿越北美大陆,再向东南和东部延伸,绕过哈德逊湾到达拉布拉多岛至缅因州的整个大西洋沿岸地区,这就是北美大陆的北方针叶林带,这里几乎未被破坏(见图2.4)。这个植物带也被称作"内陆森林",因为大多数植物都位于大陆的内部,在北极树木线以南,并远离被苔原覆盖的北部沿海区域。

除了北方针叶林带,这个森林群落还向南延伸。北方针叶林带中的一个差异类型就生长在西北太平洋地区。西部强烈的海风使夏季和冬季气候有所缓解,与太平洋海岸相平行的纵向山脉存在地形效应,从而使年降水量达到50~70英寸(约125~175厘米)。在海岸山脉、内华达-喀斯喀特山脉和落基山脉的山区,针叶林被认作北方针叶林带向北部区域的延伸。在另一个山区,针叶林地区是在东部一直向南沿着阿巴拉契亚山脊到大烟山,并断断续续地沿着蓝岭至佐治亚州北部。

穿越北美的针叶林带

在北美地带,北方针叶林生物群落共有9个主要树种。其中6个为针叶树,3个是阔叶树。这个森林带的外观和结构是独一无二的。然而,在主要树种间仍有一些地理差异,在一些特定的种类中,树种有从西向东取代的趋势。

在阿拉斯加内陆，即宽阔的北方针叶林带的北部，白云杉和纸皮桦是北方针叶林带的主要树木。在这个地区，它们覆盖了9900万英亩（约4006万公顷）的土地。气候变化赋予了这个地区独特的气候特点，年平均温度为20℉～30℉（约-7℃～-1℃），冬季气温要下降到-40℉（约-40℃），最冷月份的平均气温为-10℉～-20℉（约-23℃～-29℃）。夏季气温可能会达到90℉（约32℃）以上，最热月份的平均气温为60℉（约16℃）。由于地区的差异，降雨量相对较少，为6～12英寸（约150～300毫米），蒸发量也较少。永久冻土层散布在北方针叶林带的中间部分，在北部一直延伸到过渡地带，向北为苔原带。苔原带构成了防水的屏障，但仍有大部分土地都被浸透，湿地非常常见。

北方针叶林带西部的白云杉林基本上是由白云杉、纸皮桦和香脂白杨构成。白云杉的最佳位置是生长在朝南的相对干燥的山坡，温暖和排水良好的土壤使它们远离永久冻土层。在这个地区成熟的树木有相对开阔的森林次冠层叶簇，还有野蔷薇、柳树和赤杨。地表植被通常是由地毯般的厚厚苔藓构成的。白云杉在100～200年的时间会长成直径为10～24英寸（约25～60厘米）的参天大树。

在近代史中，阿拉斯加州和加拿大的西北部生长白云杉林的大部分地区，也曾遭受火灾的袭击。因此，处于不同的持续发展阶段的森林，为这个群落提供了自然植被的延续（见图2.12）。在白云杉林被火燃烧过的地方，植被重新生长要取决于以下的因素，例如气候、土壤、地形、排水、以前的植被和可获得的种子来源。在白云杉林生长的大部分地区，火灾之后出现了灌木柳，包括窄叶拉布拉多茶树、拉布拉多茶树、野玫瑰和柳树，所有这些植物的种子都极易被风吹散。在朝南排水较好的高地山坡，火灾发生后柳树开始快速生长，还有经过60～80年就能长成参天大树的摇曳的山杨。最后它们都会被白云杉所替代（除了在那些极其干燥的地方，山杨的存活时间有可能要长些），在排水情况相对较

图 2.12 白杨–云杉循环：白杨树下的白云杉 （苏珊·L.伍德沃德提供）

好的冲积平原上，黑云杉代替了山杨。

在朝向东面或西面的山坡上，以及朝北面的平坦地区，在最初的灌木柳、拉布拉多茶树、蔓越橘之后，纸皮桦是第一个在火灾后入侵的树种。有时候白桦树能成为单一的树种，尽管也有白云杉和黑云杉的存在。这些白桦树在成年时的高度可达到80英尺（约24米），直径可达到18英寸（约46厘米）。香脂白杨是北美针叶林带西北部植物进化阶段中的另一个重要树种，它主要生长在最近被火或是其他因素所干扰的洪泛平原上，即在排水较好的土壤上生长，例如在河口沙洲上。在被白云杉侵袭和替代之前，香脂白杨的高度可达到100英尺（约30米），直径可达到24英寸（约60厘米）。在洪泛平原上，香脂白杨是主要的树种，三角叶杨和白云杉混合在其中，而美国赤杨、北美云杉、柳树、野玫瑰和高灌木蔓越橘在灌木层中较为常见。

在北方针叶林带的北部边缘，在朝北的山坡和低地中——由于它们的历史地形和永久冻土层的存在——它们的土壤排水性很差，森林的进化促进了黑云杉的生长。由于环境条件差，黑云杉生长得较为缓慢，它们的直径很少超过8英寸（约20厘米）。通常情况下，直径为2英寸（约5厘米）的黑云杉的寿命能达到100多年。经过火灾后，黑云杉长得更加繁茂，火的热量将耐热的松果打开，种子就能在被燃烧的土地上播种。北方针叶林带北部边缘的黑云杉林的地面被厚厚的苔藓层所覆盖，中间有莎草和红色熊果、拉布拉多茶树、野玫瑰、柳树、沼泽蓝莓和山间蔓越橘等灌木点缀。在排水较差的河边低地，生长较慢的美国落叶松和黑云杉混杂在一起，而在干燥的地区，纸皮桦和白云杉也混杂在黑云杉之中。

北方针叶林带中的某些地区，由于它们特殊的环境，可能不适合树木的生长。这些地方包括洼地和平原地区，例如河成阶地、冰水沉积平原，还有朝北的斜坡上，这些地区排水条件较差，以至于树木不能在水饱和的湿地上成长。这种情况很容易在土壤中形成含有能够阻碍排水的硅酸盐。在此情况下，沼泽出现了，包括不同数量的草、苔草和水藓。在沼泽中最令人惊奇的是像线一样的脊状水藓构成的不规则表面。在大多数地方，这样的沼泽不适合灌木和木本植物的生长。然而，在稍微干燥和泥炭岭形成的地方，柳树、杜鹃灌木和矮桦能够生长（见图2.13）。

动物的生活

北美北方针叶林带中的野生动物，有些是北美地区所独有的。食草动物如山地北美驯鹿、贫瘠地北美驯鹿、北美麋鹿和美洲赤鹿。小型哺乳动物如树上食草动物、红松鼠和北部飞鼠。在地面，雪鞋野兔和田鼠以树种、嫩枝、蘑菇及地面真菌类为食。在自然界食物网中，这些小型哺乳动物给许多食肉动物提供了食物：如松貂、食鱼貂和长尾鼬鼠。其他的食肉动物，像山猫、狐狸、狼和北美郊狼，在地面捕获雪鞋野兔、在地面居住的啮齿动物和鸟类。在小溪、湖泊和池塘的边缘，既喜

图 2.13 北方针叶带池塘的后期进化 （苏珊·L.伍德沃德提供）

欢陆地又喜欢水的食肉动物生长得很快。水貂离淡水区域较近，喜欢捕食鱼类、淡水螯虾和老鼠、田鼠之类的哺乳动物。爱嬉戏的水獭在小溪和淡水池塘捕食脊椎动物、鱼类和青蛙，它们很少离开居住舒适的水域。隐蔽的貂熊在夏季是杂食动物，在冬季是食肉动物或食腐动物。

和北方针叶林带有密切关系，土生土长的啮齿目动物有麝鼠和河狸。我们经常能看到它们在小溪边挖掘，在池塘边取食。河狸擅长在河边筑坝，建造属于自己的池塘，这种动物在北美具有重大的历史意义，它是早期猎人追捕的主要毛皮动物。在17世纪、18世纪和19世纪早期，人们用河狸皮毛制作时尚的帽子，这使众多英国和法国的猎人和探险家来到北美的内陆地区寻找河狸和其他的毛皮动物（见图2.14）。豪猪是在北美北方针叶林带居住的另一种啮齿目动物。豪猪并不是林地管理者所喜欢的动物，因为它们在冬季主要吃树皮，并对商业森林地带有着极大的破坏。

在北方针叶林带，我们发现了许多著名但不是非常熟悉的鸟类。针叶林带北部封闭冠株和青苔沼泽地是枞树鸡的家园。尖尾松鸡喜欢在森林中没有树木的开阔地带，发生过火灾的地方和有泥炭沼泽的干燥地区生活。猫头鹰在夜晚偷偷出来活动，如鬼鸮猫头鹰和磨锯猫头鹰。鬼鸮猫头鹰居住在落基山脉以东的针叶林带。啄木鸟是主要的物种，其中有以昆虫为食，常年居住在森林中的红冠大啄木鸟，其他的啄木鸟包括三趾啄木鸟和黑背啄木鸟，这些鸟能够在冬季找到冬眠的昆虫和树皮下的幼虫。这种捕食能力使它们全年都能获得充足的食物供给，并使它们不同于只依靠飞虫为食物的其他鸟类。还有一种全年都在北方针叶林带生活的大乌鸦，在北美有许多关于这种乌鸦的民间传说，它是以吃腐烂东西为食物来度过冬季的杂食动物。在北方针叶林带居住的另一种和乌鸦有密切关系的鸟类是松鸦。这种鸟和那些在北方针叶林带生活的鸟类相似，相对来说，它是驯养的鸟，在露营和徒步旅行时，经常被看到在营

图 2.14　北方针叶林带的河狸坝　(库拉·赫伯特提供照片)

地吃腐烂食物。

北方针叶林带的大多数鸟类都是候鸟。事实上，只有10%常年在此居住，大多数居住在针叶林带的南部地区。这些常住的极少的鸣鸟包括山雀和小山雀。在每年的温暖季节，许多鸟类迁徙到北方针叶林带繁殖。在春天，它们婉转的声音遍及整个森林，画眉鸟中有隐夜鸫和斯氏夜鸫。森莺的种类很多，为森林增添了更多的色彩和优美的歌声。每种鸟都适应了特殊的筑巢环境来孕育后代，棕榈林莺主要在沼泽边缘筑巢和寻找食物，栗胸林莺更喜欢在开阔的针叶林地区生活，栗颊林莺更喜欢某种特殊的树木，在春天，它们来到北方针叶林地带，并只在黑云杉间繁殖。而在温暖季节来到针叶林北部繁殖的白喉雀，它的高声鸣叫就像在说"加拿大，加拿大，加拿大"，似乎预示着北纬度地区即将到来的夏季。另一种鸣鸟被称作紫红朱雀，它的声音就如多种音符的混合。正如上面我们所提及的，白翅交嘴雀、红交嘴雀和红翅鸟常年居住在北方针叶林带的北部，因为这里有它们赖以生存的云杉、冷杉和松树的种子。当食物供给不充足的冬天到来的时候，这些鸟就迁徙到北方针叶林带的南部，甚至是更远的南方去寻找食物。

迄今为止最易发现的虫子是蚊子和黑蝇。在一年中的温暖季节，这些虫子是北美的北方针叶林带的最大的滋扰。特别是云杉食心虫是威胁性最大的虫子，它对云杉树造成了严重的破坏。

西北太平洋地区的常绿林

西北太平洋地区广阔的常青林带，包括从阿拉斯加州穿过加拿大西部和美国西北部各州，一直到加利福尼亚中部的地区，它们是北美单一森林带中最广阔的地区。从北方针叶林带北部一直向南延伸，常青林带呈现纬度和高度的带状分布（见图2.15）。尽管它们都与北部的北方针叶带

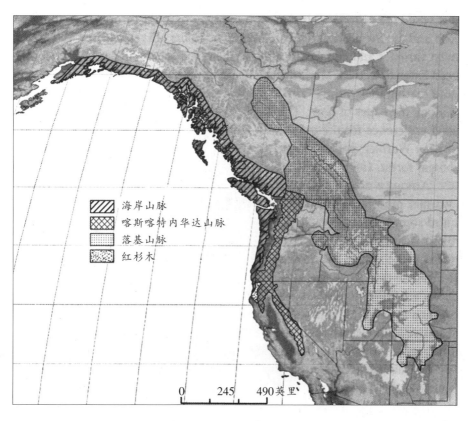

图 2.15　美国西北部的北方针叶林带　（伯纳德·库恩尼克提供）

有关系，但是由于地理的环境条件和主要树种的差异，各自都有彼此不同的独立的部分。

北美云杉带

海岸山脉使东面的潮湿气团上升并在这些山脉的西部山坡产生大量降雨。每年的降雨量在奥林匹克岛西部山坡的奎那而特为134英寸（约3400毫米），在俄勒冈海岸的南部为70英寸（约1800毫米）。从阿拉斯加海岸到加利福尼亚北部的北方针叶林带被称作"海岸温带雨林"。

在海岸山脉的东部山坡有轻微的雨影，降水量相对较少，因此有稍

图 2.16　北美云杉　(斯蒂芬·福斯特提供)

许不同的植被类型——科学家以此区分海岸山脉西部和东部山坡的植物。西部山坡叫作北美云杉带，而东部山坡一般被称作西部铁杉带，这一地带穿越皮吉特海峡低地并延伸到喀斯喀特山脉的西部山坡。只有在威拉姆特山谷，北方针叶林带才偶尔出现草地和道格拉斯冷杉。

北美云杉（见图2.16）是从阿拉斯加的科迪亚克岛到加利福尼亚北部的狭长地带中最主要和最典型的树种，然后渐次变化为沿海红木森林。

这个地带的宽度只有几千米，但有的地方沿着大河谷或平原延伸到内陆。只有在奥林匹克岛的西部和西北部的广阔海岸平原上，才更宽阔一些。在这里，北美云杉的高度在465英尺（约142米）以下，只有在海边山脉迅速上升的地方，它的高度才能更高一些（达到1850英尺，约560米）。北部和西部的界限在科迪亚克岛和阿佛格那克岛，北美云杉是这个地带唯一的针叶林。在库克海峡西部和东部的温暖地带生长着大量的西部铁杉。在海湾东部，黑色棉白杨是普通的硬阔叶树，它们沿着阿拉斯加、汉内斯西部冰川沉积平原或冲积阶地生长，并依赖冰川融水的河流生存。在阿拉斯加的中部和南部沿海，赤杨被认为是极其重要的树木。

在阿拉斯加南部沿海和不列颠哥伦比亚省，森林树木主要由西部铁杉和北美云杉构成，它们和山上铁杉、阿拉斯加西洋杉和西部红杉混杂在一起。在低地，没有树木的青苔沼泽地被低矮灌木、苔草、沼泽和草所覆盖，偶尔出现的繁茂的黑松（在当地被称作短叶松），是唯一的树木。灌木层包括北美赤杨、沙龙白珠树、锈色仿杜鹃、醋栗、西部草莓和蓝越莓，还有巴克利柳树、斯库勒柳树、云杉柳树，以及各种蓝莓、越橘和高灌木的蔓越橘。

在不列颠哥伦比亚省沿海山脉的温暖地区，道格拉斯冷杉是森林中的主要树木。这个树种具备了北方针叶林带生物群落的一些特点，我们在不列颠哥伦比亚省的中部海岸以北和阿拉斯加都找不到这个树种。在不列颠哥伦比亚省的中部海岸到加利福尼亚北部的森林拥有世界上最多的树种。高大、茂盛的树木大多是由三个树种构成的：北美云杉、西部铁杉和西部赤杨。此外，道格拉斯冷杉、大冷杉和太平洋银杉也是植被中经常出现的类型。在干燥多风的地方，黑松是最普遍的针叶树。赤杨，一种小型落叶阔叶树，能够在被多干扰的地方（树木砍伐、野外火灾、道路建设等）茁壮成长。

在俄勒冈西南部和加利福尼亚西北部，出现了加利福尼亚红松的过渡区域。北美冷杉区域的物种作为南部的主要树木和加利福尼亚红松相混合（见图2.17）。在这个过渡区域内，生长着加利福尼亚月桂和美洲扁柏。成林具有森林次冠层叶簇，受高降雨量的影响，湿度很大，茂盛的灌木、草本植物、蕨类植物、苔藓和地衣在有利的环境下生长。红越橘经常出现在灌木中，常见的地表植被有剑蕨、俄勒冈醋浆草、铃兰、西部马齿苋、三叶吊兰、常青紫罗兰、木紫罗兰和锈叶。在那些生存条件恶劣的地方，如覆盖着稀薄土壤的陡峭山坡或是暴露在海风和古老沙丘的山坡，厚厚的灌木如太平洋杜鹃、沙龙白株树和常青越橘都在此生长。

在海岸山脉北美云杉带生存的潮湿地区，生长着相对丰富的苔藓和地衣。它们构成了连续的地表植被并作为附生植物生长。在整个"雨林"中，丰富的降水和潮湿的天气使苔藓大量生长，在一些地方，它们像毯子一样覆盖在地面，延伸到倒在地面的树上，也爬到树干和树枝上（见图2.17）。

在北方针叶林带的其他地方，火在海岸山脉西部的北美云杉带的自然进化中起到了非常重要的作用。赤杨在整个附生植物中是最主要的树木，在被干扰的土地上生长得很快并大量地繁殖，它生长在与硝化细菌共栖的环境中，并且具备了一些重要的改善土壤的特性，赤杨经常和红花覆盆子一同生长，构成了林下灌木丛，而其他的植物则很难生长。尽管赤杨的生命很短暂，它们还是能够长时间并永久地生存在这里。北美冷杉、西部铁杉逐渐侵袭赤杨，这种侵占发生在有种子存在的原木上。针叶树一旦生长起来要比赤杨存活的时间长。在这个地带的中部和南部，北美冷杉林、西部铁杉和道格拉斯冷杉都不是这个群落发展的最终

图2.17 奥林匹亚半岛的雨林 （L.苏·波利提供）

鼠獭

鼠獭的四肢短小，是相对原始的啮齿科动物，也是北美鼠科的唯一成员。它的上身呈棕红色，下身则是灰色。它居住在从加利福尼亚北部到不列颠哥伦比亚的整个西北太平洋地区，且距离小溪非常近的潮湿山地。有时候它被称作"山海狸"，但是它和海狸还不是完全相同。它与无尾麝鼠和土拨鼠相类似。主要以树皮、树叶和嫩枝为食物，喜群居，生活在河岸边建造的复杂的地洞里。

阶段，它们最后都被一种单物种、寿命长、更耐阴的西部铁杉所替代。

西北太平洋地区动物的生活和北方针叶林带动物的生活密切相关，但也有一些显著的差异。哺乳动物大体上和大陆北方针叶林带的动物相同或有关联。北美驯鹿在这里不存在，但是另一鹿家族成员（北美黑尾鹿）从不列颠哥伦比亚省进入了加利福尼亚地区。在食肉动物中，狮子和北美山猫代表了这个地区的猫科动物，从而代替了北部山猫。在这个地区的北部，即加拿大北部到华盛顿北部，我们发现了红色松鼠，它们被赤栗鼠所代替。汤森德的花栗鼠是从加利福尼亚到不列颠哥伦比亚省南部的主要居住者。在整个俄勒冈和华盛顿地区的海岸山脉，山海狸（亦称鼠獭）居住在这里。这是北美所特有的啮齿动物家族的成员。

在西北太平洋地区的鸟类中，斑点猫头鹰是最著名的动物。在过去的几十年中，斑点猫头鹰一直处于人们的争议之中，它是原始森林中较独特的一个物种，它的数量处于下降的趋势。因此，对于那些提倡保护原始森林和生物多样化的人来说，这成为一个聚焦点。这个地区的其他鸟类分布也很广泛，其中有杂色鸫和栗背山雀。在西部山区的针叶林带中，驯养的松鸦是典型的鸟类，正如北方的灰色杰伊鸟，是营地追随者和野餐桌上的偷盗者。

东部海岸和喀斯喀特山针叶林带

西部铁杉带

从不列颠哥伦比亚省到加拿大北部，包括海岸山脉的大部分地区——尤其是东部山坡——穿越皮尤吉特湾一直到喀斯喀特-内华达山脉的西部山坡，都是北方针叶林带的亚地区，是以西部铁杉作为指示物种的浓密针叶林带（见图2.15）。这里是年降水量高、降水分布不均衡的海洋性气候：夏季的降水量只占年降水量的6%~9%。这个地区的湿气是由来自太平洋的西北气候体系形成的。尽管一些降雨在海岸山脉的西坡被拦截，由于海拔更高的喀斯喀特山脉和内华达山脉北部山脉的地形作用，更多的潮湿空气被释放，形成了对森林生长需要的潮湿环境。

在西部铁杉带的北部地区，每年的降水量超过118英寸（约3000毫米），而大部分地区的平均降水量为59~79英寸（约1500~2000毫米）。喀斯喀特-内华达山脉的冬季的降水即为降雪，夏季雪水的缓慢融化，在这个地区形成不断流动的数不清的河流。在俄勒冈南部和加利福尼亚北部的克拉玛山脉阻拦了从西部过来的气团，纬度、高度的不同和山脉的地理位置，使这个地区的气候有很大的差异。

这个地区的大部分土壤是在火山物质上形成的——通常是以厚厚的火山灰层和浮石的形式——在古老上升的玄武岩层上的火山口喷发出来（有一些火山仍旧非常活跃，例如贝克山、胡德山、圣·海伦山等）。随着茂密森林中有机物质的分解，潮湿的气候更能迅速地破坏这些物质而产生营养丰富的土壤。它的分解速度比北方针叶林带的北部更快，因为那里寒冷的气候阻止了分解的速度。虽然土壤来自不同的母岩，但是它们仍具有一些共性，大部分土壤的剖面深度适中，酸性适中，并且地面密集多孔。此外，土壤中有机物质的含量从适中到深厚，在海拔高的地方，森林地表层积物的积聚量在2.75~6英寸（约7~15厘米）。

北方针叶林带的西部铁杉亚地区有许多我们可辨认的植被，在很大程度上，它们和从北向南逐渐减少的降雨量有关。最重要、最具代表性的树是西部铁杉（尽管有时候它不是最普遍的）、道格拉斯冷杉和西部赤杨，大冷杉、北美云杉和西部白松也零星可见。在降雨量少的凉爽、潮湿的北方针叶林带南部，我们经常能看到北美翠柏、兰伯氏松、西黄松和西部铁杉同时出现。美国冷杉从不列颠哥伦比亚省南部到俄勒冈北部，在喀斯喀特的高海拔地区生长。美洲花柏是海岸山脉南部山坡的一个重要树种。短叶红豆杉在整个亚地区分布，但是森林管理者并不认为它在经济价值上是重要的树种。落叶阔叶树非常罕见，它们在那些由于火灾或者砍伐所移除的宽阔针叶林地带，以及在亚进化顶极群落形成的洪泛平原上生长。最常见的阔叶树有赤杨和大叶枫树，还有不太常见的黄叶姜饼木。

在火灾和其他干扰之后形成的最初植物群落由残留草本植物构成，例如剑蕨、星状花植物和惠普尔葡萄树，还有一些外来物种，例如山地野滥缕菊、秋季柳叶草和杂草。灌木包括太平洋杜鹃、沙龙白株树、俄勒冈葡萄、树黑莓等。在大部分地区，北美黄松是一个由种子的分散而形成的连续树种。起初，带有浓密株冠的北美黄松能够抑制草本和灌木的生长，在某些个体树木的自然死亡后，北美黄松直到林冠空隙出现的时候依然存在，之后一些顶极树种，耐阴的西部铁杉陆续出现并最终成为这个地区的主要物种。在潮湿地区，进化的生物群落被赤杨所主宰，这种情况将循环再生的过程一直持续。西部铁杉和西部赤杨在海岸山脉的东部斜坡潮湿和排水情况良好的地方生长茂盛，在干燥地区，西部铁杉的生长状况较差，显然它将远离顶极生物群落，但西部铁杉仍是这个地区的主要树种。

延绵的针叶林带

北方针叶林带覆盖了喀斯喀特山脉和内华达山脉的较高海拔地区（见图2.15），山脉阻拦了从太平洋吹来的潮湿气体，这样一个特殊的气候纬度带就出现了。在北部，从不列颠哥伦比亚省南部向南一直到俄勒冈的喀斯喀特北半部，气候在北部的沿海寒冷气候到南部的沿海凉爽气候之间变化。尽管全年都降雨，但夏季月份的降水量只占全年的15%。

再往南，在由火山作用形成的喀斯喀特山脉和由花岗岩所构成的内华达山脉地区，夏季干旱的典型地中海式气候对山区的影响越来越大。在中部和南部，内华达山脉的主脉，冬季的降水量占年降水量的50%，主要以雪的形式出现。在高海拔地区，在喀斯喀特山脉北部的褶皱脊线附近，山脉又向北延伸到不列颠哥伦比亚省南部，降水量达到78英寸（约2000毫米）的现象很常见，而在喀斯喀特南面的矮坡上，年降水量为10~14英寸（约25~35厘米），平均气温从北向南有所不同，在这些山脉树木线的高度上也有所体现。在北方，许多山峰延伸到树木线之上，大约有6500英尺（约2000米）。南部气候温暖，其树木线大约为1.15万英尺（约3500米）。

植物群落反映了气候和海拔的变化。物种的组成从北向南有所不同，从低矮的西部斜坡到这些山脉的高山主脉，又到由山脉的山形作用减少的克雷斯特莱恩东部，都有所不同。一般来说，高山林带被分为两个不同地带：亚高山带和山区带（见图2.18）。高一些的地带为亚高山带，它的高度范围为4900英尺（约1500米）到树木线6600英尺（约2011米）以下，并绕过山脉的顶峰。从不列颠哥伦比亚南部穿过华盛顿，然后向南进入俄勒冈直到火山湖，亚高山带又分为美国冷杉带和西部铁杉带。美国冷杉带位于褶皱脊线以西，典型的植被包括美国冷杉、西部铁杉、红冷杉、北美黄杉、西部赤杨和西部白杨。当地重要的物种包括亚

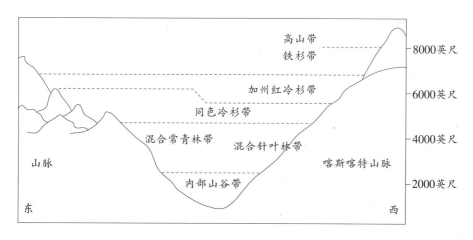

图 2.18　俄勒冈西南部从锡斯基尤山脉到喀斯喀特的带状排列　(杰夫·迪克逊提供)

高山冷杉、大冷杉、英国针枞、海滩松和西部落叶松。黑铁杉和阿拉斯加赤杨生活在亚高山区海拔较高的地方。灌木层主要是由石楠植物构成的，例如越橘类植物、沙龙白株树、杜鹃花和矮黑莓。在草本层的植物包括常青紫罗兰和熊草。在严重的火灾过后，树木的进化主要是以北美黄松或者红冷杉开始，或两者兼而有之。西部铁杉可能在最初的阶段或是在后期出现。随着地形的变化，北美黄松和红冷杉都不能再生，因为它们都不能适应荫蔽的环境。这个地带的顶极物种——美国冷杉，是在北美黄松、红冷杉和西部铁杉的最初地方生长起来的。如果被干扰的地区面积小，美国冷杉仍会在附近地区生存，针叶林也是第二次进化的早期阶段代表。

　　黑铁杉亚地区覆盖了沿着山坡西部边缘的亚高山区。尽管以黑铁杉命名，这地区尚没有一个主要的树种。有特点的树木植被包括黑铁杉、大冷杉、海滩松、美国冷杉、阿拉斯加赤杨、北美黄松和西部白松。树木所占的比例随着当地气候特点的变化而变化。冬季的降雪量对植被的构成有着重要的影响，在亚地区，树的多样性体现在灌木层中树种的数量上，最主要的有石楠植物、玫瑰和向日葵家族。最初进化阶段是以矮越橘和熊草为特点，构成了完全的地表覆盖并持续很长一段时间。它们

红杉、红木和西部红雪松：森林的巨人

美国西部生长着红杉、红木和西部红雪松，西部红雪松的情况相对简单：这个高大的针叶树是柏科家族的成员，由于它是直纹树，因此成为重要的木材。它的高度为150~250英尺（约45~75米），生长在美国西北部和加拿大，从阿拉斯加南部到加利福尼亚西北部，向东至蒙大拿西部落基山脉并贯穿内华达州。美国红雪松其实是误称，这种树的名称是杜松。

大型红杉和红木也是柏科家族的成员。大红杉是巨杉类的唯一成员，它长有鳞状的与杜松相类似的针叶。红杉只生长在内华达山脉西部和加利福尼亚的中南部地区，并且在大红杉自然保护地、红杉金斯峡谷国家公园、约塞米蒂国家公园和附近的林地被保护。这是真正的巨型树，平均高度为165~280英尺（约50~85米）。

海边红木和加利福尼亚红木是红杉类的成员。它的针叶和柏科家族中的东部针叶林成员——铁杉和落叶杉相似。红木只在加利福尼亚北部（延伸至俄勒冈南部）的沿海地区较为常见。红木国家公园和这个高为330英尺（约100米）的森林巨型树木的保护地，成为每年数以千计的游客的观光地。

都能抵制在这个地区经常发生的，并能杀伤树种和小树苗的野生火灾。最初在潮湿土壤生长的树木是黑铁杉和美国冷杉，而海滩松和亚高山松是侵袭干燥地区的第一批树木。在森林树种的发展中，树种的数量一直在增加，直到多样树种成为顶极群落。沿着加拿大内华达山脉山脊向南，黑铁杉和海滩松仍是亚高山区的主要树种。美国白皮松是干燥地区的主要树种，而沙斯塔红冷杉主要在潮湿地方生存。

在这个地区的山区高海拔地带，美国黄松和白冷杉成为大部分地区

的主要树种。北美翠柏和兰伯氏松分别为在潮湿和干旱地区的主要树种。在内华达山的低矮针叶林带的主要树种是黑材松，在海拔更低和降雨量更少的地方，北美黄松是主要树种。

在内华达山的中部和南部，当地充沛的降水量使得环境水分充足，绵延的山谷阻隔了从太平洋西部的风带来的潮湿气体，东部高山顶部的地形作用使云层在迎面风向堆积，并产生了大量的降水，这对于分散的红杉树丛的生长是必要的。在这些树丛中，有一种独一无二的树种叫作谢尔曼将军树，这种树木的体积巨大，被称作世界上最大的生物有机体。谢尔曼将军树的高度为275英尺（约84米），在根部以上的周长为103英尺（约31米）。据估计，树干的整个体积为5.25万立方英尺（约1485立方米），年轮为2500～3000年。

沿海红杉林

太平洋沿海地区的红杉林生长在俄勒冈西南部的克拉玛斯山和加利福尼亚北部的希斯基尤山，并远至加利福尼亚的洪保德村中南部。这些森林被叫作红杉林，是由于森林的大部分是由沿海红杉林组成的。北方针叶林带的南部边缘的森林带距离海边为15英里（约25千米），但是有一些问题我们还不是很明确：这个区域是独立的森林带，还是在海岸山脉和喀斯喀特山脉之间构成北美云杉、西部铁杉、北美黄杉和大冷杉的混合针叶林的一部分。

沿海红杉林生长在山坡上，这种大树的年轮可超过1000年。也许它们不是顶极树木（西部铁杉和柯木），但是由于它们的长年轮，可能成为这个地区的最主要的树木。低的替代率使这种树木能够在千年内或永久地存在。在更潮湿的地方，生长着红杉林和北美黄杉、加利福尼亚月桂和大叶枫树，在干燥的地方，主要的植被包括北美黄杉、柯木、在灌木层的常青越橘。常青越橘是一种普通的灌木，地面的植物有剑蕨和俄勒冈酢浆草。成熟的沿海红杉是耐火的，火对于红杉种子的繁殖和物种的生存是必不可少的。一些证据显示，种子的繁殖和周期性的山坡洪水有密切的关系。

落基山脉针叶林带

落基山脉针叶林带是第二个远离北方针叶林带向南的主要的分支。这些山地森林从阿尔伯达西部穿过北部落基山和中部落基山的绵延山脉进入科罗拉多，经由南部落基山脉的各个山峰进入亚利桑那州（见图2.15）。落基山脉的针叶林植被显示出纬度的分带，与喀斯喀特内华达山脉以西地区相类似。在落基山脉存在着三个有特点的纬度分带：高山带、亚高山带和山区地带（见图2.19）。

和西部的山脉相比，落基山脉的气候为大陆性气候，尤其是在高纬度地区。由于山脉的海拔高，因此气温相对较低。降雨量在15~60英寸（约40~150厘米），由于地形的原因，有些地方的降水量会多些。在漫长

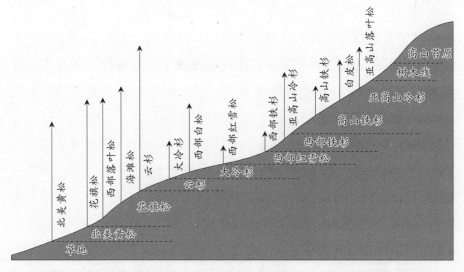

图2.19　蒙大拿西部落基山脉以北针叶林的带状排列　（杰夫·迪克逊提供）

图 2.20　落基山脉以北美黄松为主要树种的公园　(L.苏·波利提供)

的冬季，很大一部分降水是以雪的形式出现的。当然，这也对森林植被
有着严重的影响。恩格曼云杉和亚高山冷杉是亚高山带的主要树种，它
们位于喀斯喀特山脉、奥林匹亚山脉和不列颠哥伦比亚南部的山脉中，
被认为是最古老的有机生物之一的刺果松，通常在树木线处和它们相混
杂。冷杉、云杉和松树显示了在靠近树木线的北美山区、中亚高山区顶
部和低矮高山区中高山矮曲林的生长形式，这些矮小的树木生活在漂砾
的风影中，大部分树枝都紧贴地面。在其他的针叶林中，野火经常在干
燥的夏季发生，这种干扰之后的进化和我们在上面所描述的内华达山脉
的进化是相似的。在落基山脉针叶林的纬度地带中，当野火和山崩破坏
了冷杉和云杉地带，海滩松和颤杨出现了，因此在火灾发生的很长一段
时间后，恩格曼云杉和亚高山冷杉才能重新生长。在亚高山带的下坡，
北美黄松是高山带的主要树种。随着海拔高度的上升，山脉的地形作用
有所减弱，落基山脉的底部山区更加干燥。整个地区的降水量偏少，有
利于以北美黄松为主要树木的温带草木区的发展，这与喀斯喀特-内华
达山脉的东坡相似（见图2.20）。

落基山脉北方针叶林生物群落的野生动物生活在西部和北部山区。大型食草动物有加拿大大角羊、美洲赤鹿、北美麋鹿和北美黑尾鹿。北美麋鹿主要生活在美国落基山脉北部和加拿大。在这个地区分布均衡的大型哺乳动物有黑熊和美洲狮。目前灰熊和棕熊只生活在受保护的落基山脉以北和加拿大地区。和北方针叶林带一样，各种各样的啮齿目动物依靠可获得的种子果球生存，包括红蛙、缨耳松鼠、金背地松鼠和小花鼠。后两种基本不怕游人，并在这个地区的许多森林公园向游人要吃的东西，还有一些小型动物则不那么友好。河狸、麝鼠、雪鞋兔和豪猪是落基山脉森林和湿地中的主要动物。在落基山脉生存的鸟类基本上和喀斯喀特-内华达山脉生存的鸟类相同。

阿巴拉契亚山脉针叶林带

阿巴拉契亚山脉是由断裂褶皱、沉淀物质形成的岩石所构成的古老山脉。例如蓝脊山脉，在地理上则完全不同，大部分是由火成岩构成的，有些是这个大陆的前寒武纪的花岗岩，但是大多数是一些年代近的材料注入古老的沉积岩石中，最后上升隆起并断裂，然后起皱褶。

在北美东部的阿巴拉契亚针叶林带是北方针叶林的另一个分支。南部包括沿着高海拔的东部山脉，从加拿大东部到新泽西，穿过弗吉尼亚西部一直到西弗吉尼亚州，最终到达阿巴拉契亚南部（见图2.21），针叶林带的高度从北向南而上升。在新罕布什尔和佛蒙特的山脉，针叶林带的高度范围在2600~4000英尺（约800~1200米）。在纽约高原上，为3600英尺（约1100米）以上。在森林的南部边缘，在田纳西和北卡罗来纳州的大烟山，针叶林带的高度为4500英尺（约1370米）以上。降水量从北向南增多，但是在南部降雪量较少，雪覆盖地面所持续的时间也相对较短。

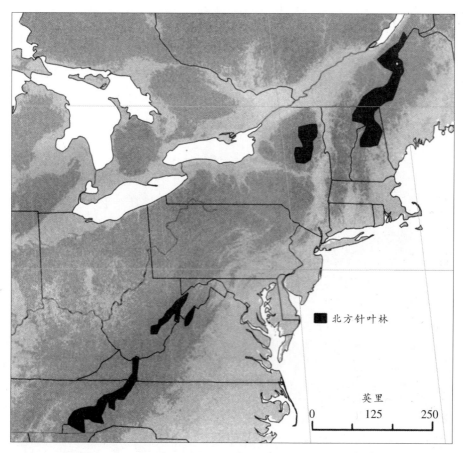

图 2.21 阿巴拉契亚山脉的北方针叶林带 （伯纳德·库恩尼克提供）

阿巴拉契亚山脉北部的植被，基本上和北方针叶林带北面的东半部植被相同。胶冷杉和红云杉是常见的针叶树，而纸皮桦是常见的落叶阔叶树（见图2.22）。沿着阿巴拉契亚山脊的北方针叶林则时断时续，在山脉的南部由于有落叶阔叶树在此生长，也是如此。因此，北方地区没有一个树种能够完全沿着整个的阿巴拉契亚山脉延伸。胶冷杉和红云杉向南一直延伸到弗吉尼亚西北部的蓝脊山中的山纳多国家公园。

另一种冷杉林在距这个地区100英里（约160千米）的峡谷中出现。地理分隔使不同的物种在此进化。在弗吉尼亚的最高峰5597英尺（约

图2.22 纸皮桦 （苏珊·L.伍德沃德提供）

1705米）的罗格山，接近弗吉尼亚北与加利福尼亚的州界线，北美冷杉形成褶皱脊线森林的覆盖。在更高的大烟山，北美冷杉是南部唯一的冷杉。在山纳多公园以南，纸皮桦被黄桦所代替。与在高海拔地区发现的、分布不均衡的胶冷杉相比，红云杉主要在加拿大到阿巴拉契亚山脉南部的低海拔地区生长，在阿巴拉契亚山脉的中部和南部，它比上面提及的两种树木的分布更为广泛。在整个阿巴拉契亚山脉，石楠植物的森林次冠层叶簇、红云杉树冠下的杜鹃花和越橘类植物非常普遍，各种各样的苔藓、石松和地衣构成了整个地区的云杉和冷杉林的地表植被。和整个山区相比，阿巴拉契亚北方针叶林覆盖了相对较少的地区，因此它们也是濒危的生态系统。

　　山脉东部的野生动物和大陆西部的有所不同，很少有大型哺乳动物生活在这里，相当一部分是由于在人类聚居的东部有被狩猎的危险，尤其是由农业和木材采伐引起的栖息地的变化，也意味着物种的减少。但是阿巴拉契亚山脉仍是鹿、黑熊、狮子、北美麋鹿和美洲赤鹿的家园，北美麋鹿生活在北部，目前它们的范围还在扩大。在阿巴拉契亚山脉西部，白尾鹿和北美黑尾鹿的数量十分可观，并在此地区起着重要的作用。在阿巴拉契亚山脉北部针叶林带的小型食肉动物有松貂和食鱼貂，雪鞋野兔和飞鼠出现在云杉林中。长尾鼬鼠和红松鼠在生态和地理分布上更为广泛。

鸟类也和西部山区的鸟类有所不同。在东部山区高海拔的针叶林带中，有白喉雀、金冠戴菊鸟、红玉冠戴菊鸟、黑眼灯草雀和紫红朱雀，还有一些鸣禽和画眉鸟，一些和北方针叶林带北部相同的留鸟有小山雀、红胸雀和渡鸦。

欧亚大陆生物群落

西伯利亚针叶林带

穿过斯堪的纳维亚半岛的西部海岸到西伯利亚的东部海岸的欧亚大陆北部，是北方针叶林带的另一部分（见图2.23）。在斯堪的纳维亚东

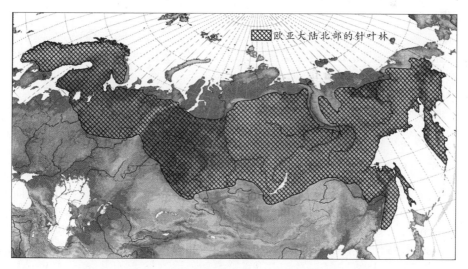

图 2.23　欧亚大陆北部的针叶林带　(伯纳德·库恩尼克提供)

部，永久冻土层以南的宽阔的北方针叶林带北部，被称为西伯利亚针叶林带（见图2.9）。在这个广阔的区域，14种树木是最主要的树种。其中有10种为针叶树，其他4种为落叶阔叶树，也许一种树木在一个或是多个地区会成为主要树种，但是没有一种树木能够贯穿整个森林带。每一种树木占地空间都有限，这些树木的分布模式有助于划分出北方针叶林生物群落的欧亚大陆部分的几个亚区域。

在欧亚大陆西部有两个亚区域：挪威东北部、瑞典和芬兰西部的芬诺–斯堪的纳维亚区域及俄罗斯西伯利亚针叶林带亚区域，包括北部卡累里亚分区。在西伯利亚乌拉尔山东部（欧洲和亚洲的传统分界线），即为西伯利亚西部分区和西伯利亚中部和东部分区。欧洲北方针叶林带东部的树木种类不同，在东部的森林要比在西部的森林浓密。事实上，根据当地的环境构成、地表和地下水位，东西部森林确实有所不同。

芬诺–斯堪的纳维亚区域

北方针叶林生物群落的芬诺–斯堪的纳维亚区域相当于斯堪的纳维亚半岛加上芬兰，它围绕在挪威、瑞典、芬兰和位于这个半岛上的俄罗斯北部（见图2.23）。这个针叶林带有两个主要物种:喜欢在潮湿地方生长的挪威云杉和喜欢在干燥地方生长的欧洲赤松。这两种植物都有栖息地耐性。挪威云杉是这个临海的、每年降水量都比较多的地理区域的主要植物，它也喜欢在野生火灾发生频率较少的地方生存。与此相比，欧洲赤松主要在每年气温较低、不潮湿、更易发生火灾的大陆地区生存。挪威云杉和欧洲赤松都能存活很长时间。挪威云杉的寿命为400年，而欧洲赤松的寿命是700多年。

主要树种的栖息地耐性，当地气候变化，镶嵌型土壤，多种干扰因素和树木的年轮结构，这一切都造成了北方针叶林构成的多样性。在同一地区，松树的寿命也有所不同。这表明，年轮最大的树经历了频繁的火灾仍然存活并能再生。与此相比，由于没有火灾的发生，达到稳定生长期的云杉的直径相对来说比较小，但数量却很多。

在亚区域的高山区，出现了亚高山林。白桦树是这些植物群落中的主要树种。当然，还有其他的树木，例如山梨、矮桦和杜松。和其他的北方针叶林带相比，在芬诺-斯堪的纳维亚区域中几乎没有灌木的存在。在灌木层中存在一些幼树苗，而这些灌木会受到不同阶段生长的影响，也受到柳树和杜松的影响。在潮湿地方，黄花柳和欧洲山梨作为森林次冠层叶簇生长在以云杉为主的森林中。这两种灌木是山兔和北美麋鹿的美味食物，因此，这些灌木很少能达到正常的尺寸和大小。低矮灌木，例如越蔓橘和酸莓也生长在潮湿的地方，在干燥地区和松林中，灌木丛主要是由石楠植物构成的，松林的地表覆盖物主要是地衣。这些地衣为生活在芬兰北部和芬兰东北部、瑞典和俄罗斯北部的周边地区的鹿群提供了饲料。在芬诺-斯堪纳维亚区域出现了从草本植物到灌木丛的渐变趋势。草本植物在南部较为常见，因为它们适应了那里的生长环境。随着向北纬度的增高，越来越多的常青灌木构成了地表层。

在芬诺-斯堪的纳维亚区域的动物群体包括北美麋鹿、驯鹿、雪兔和欧亚小鹿。在过去的十几年中，欧亚小鹿和北美麋鹿在数量上都经历了巨大的变化。在20世纪70年代、80年代人们对这些动物进行了狩猎捕杀，它们的数量有所减少。在森林中，牛的数量的减少和由于砍伐所造成的食物供给的增加（最终的结果造成了草木和灌木物种的增加，同时，重新造林正在进行中）为更多的食草动物提供了栖息地，因此鹿和北美麋鹿的数量在近十年有所增加。然而，赤狐作为北美小鹿的主要捕食者，它的数量急剧下降，雪兔也是赤狐喜欢的猎物，通过数量变化而形成的两种动物之间的循环关系和一些北方针叶林带动物的特点相同。

在过去的十几年里，哺乳动物群中的另一个重大变化是一些外来物种的入侵，例如北美麝鼠、美国鼬和东亚狸。所有的这一切都对当地动物有着消极的影响，尤其是对鸟类的数量的影响，许多北美北方针叶林带的鸟类能在这里被找到，但是鸟类的数量和多样性随着北部和东北持续的低温而减少。但是也有例外的地区，就是一些阔叶树、松树和云杉混合在一起的地方。由于这里种子来源的多样性，使鸟的数量也变得多样化。这里的鸟类有北欧雷鸟、镰翅鸡、黑琴鸡和松鸡。

俄罗斯亚区域

俄罗斯亚区域的北方针叶林带，通常指的是西伯利亚针叶林带（见图2.23）。北部卡雷里亚的西伯利亚针叶林带，被归类为苔原带，在这里的主要树种为西伯利亚云杉和桦树。在卡雷里亚地区的南部和东部，西伯利亚针叶林带的主要树种为欧洲赤松，它的大部分地区被霜所覆盖。树种密度的逐渐变化是指从北方靠近苔原带边界，被稀薄的霜覆盖的森林带到中部被浓霜覆盖的地区。欧洲赤松是整个亚区域的主要树种，云杉和桦树也是这个地区中非常普遍的树种。西伯利亚云杉和落叶松木在北部地区非常普遍，在苔原带的东北部，西伯利亚冷杉和西伯利亚雪松是当地的主要树种。欧洲俄罗斯亚区域被称作"绿色苔藓"群丛。一般来说，相对较少的灌木和草本成为森林次冠层叶簇，而大量的灰羽苔藓则覆盖了整个地表。

在东部，乌拉尔山北部区域，北方针叶林带的主要树种为西伯利亚落叶松木、西伯利亚云杉和桦树。在这些山脉的北方针叶带的高海拔地区靠近树木线的地方，地面由厚厚的灌木覆盖，主要树种为中国东北赤杨。这些山区的西伯利亚落叶松木生长在不同的环境之中，从低地和河底一直延伸到树木线。

西西伯利亚亚区域

在乌拉尔山东部的北方针叶林带构成了这个生物群落的西西伯利亚亚区域（见图2.23）。西西伯利亚的广大区域主要是由更新世冰川时代的地质下沉构成的带有冰川材料和地形的波状平原，如地面冰碛、平原、冰河沙堆和冰丘。因此，这些地方排水情况很差，数不清的沼泽地，覆盖了几千平方英里的土地。当更新世冰层撤退的时候，在这个地区北部边缘融化的冰水形成许多湖泊。目前，这一地区基本上为大陆性气候，气温相对较低，降水量较多，还有丰富的地面水资源。因此，春季这个地区洪水的发生非常普遍，盆地南部流域融化的雪水被向北流的河流和河口处的冰冻部分所阻挡。大的沼泽区域覆盖了这个地区的三分之一，大部分亚区域基本上被厚厚的霜所覆盖。主要树种为西伯利亚落叶松木，还有和西伯利亚云杉相混合的苏卡乔夫落叶松。海拔高、排水较好的西伯利亚波状平原经常有沙状的土壤，在这里，地衣构成了持续的地表结构。

西伯利亚中部和东部亚区域

欧亚大陆的北方针叶林生物群落中的西伯利亚中部和东部亚区域（见图2.23）的地形，主要由低矮的小山和圆形的山脉构成，这也是更新世大陆冰川作用的结果。因此，这些北方针叶林要比西西伯利亚的排水状况良好，它们沿着河边的平原一直到山中土壤稀薄的山地，这些地区要比西西伯利亚地区有着更干冷的大陆性气候。西伯利亚云杉和西伯利亚雪松是能够在这样的气候条件下生存的针叶树。在叶尼塞河东部，构成了与西西伯利亚的分界，云杉开始变得稀少，并逐渐消失，直到在太平洋沿岸的大陆边缘重新出现。这个区域的面积大约为95万平方英里（约250万平方千米），主要树种为落叶松木。在北部地区，兴安落叶松和北美落叶松相似，它们能够承受冬季寒冷的气候，能够在不同的土壤结构上生存，在最北面，落叶松木的高度为3英尺（约1米），这与冻土层密切相关，落叶松木相对低矮的根系，使它能够在稀薄的土壤中生存，并在每年温暖的季节里茁壮成长。

在远离亚区域的北方中心地带，西伯利亚落叶松成为有重要意义的树种。在它最适宜生长的地区，这种树木的高度可达到150英尺（约45米）或更高，直径可达到6英尺（约1.8米）。再往南，随着海拔的增高和气候越来越干燥，西伯利亚松树变得更为重要。西伯利亚松可能会和云杉、落叶松、冷杉、雪松、桦树、白杨同时出现，但这些都要取决于环境条件。在南部的过渡区域（群落过渡带），有一些当地的纯林或是桦树和白杨相混合，还有西伯利亚落叶松木和云杉以及松树、桦树的植被混合。

西伯利亚中部和东部的针叶林带一直向东进入中国东北部和日本北部。此亚区域东部的植被，有从北部有落叶松木存在的森林冻原交错群落到中部和南部以西伯利亚松树、冷杉、雪松和云杉为主要树种的地区。在地表的植物群落和在北美针叶林带西部地区植物群落的组成及结构相似。

生活在欧亚北方针叶林带东部区域的野生动物和在北美的相似。重要的毛皮动物是美洲鼬鼠和啮齿动物的至亲（同族），它们对欧亚大陆偏远地区的开发有着重要的作用。在西伯利亚中部和东部的毛皮动物有欧洲鼬、欧洲松貂、欧洲河狸和紫貂。紫貂在欧洲中部和东部的政治历史中起着重要的作用，只有皇室成员才能拥有它那漂亮的皮毛以此作为一种身份的象征。其他的动物和北美的动物相似，有水獭和飞鼠。

在欧亚大陆北方针叶林带东部的留鸟和在北美针叶林带的留鸟类似。然而，这个地区缺少夏季候鸟，如在加拿大和美国的北方针叶林带生长和繁殖的林柳莺。在北美，我们还发现了山雀。山雀家族的代表是

褐头山雀和西伯利亚山雀，西伯利亚山雀居住在从欧亚大陆沿白令海峡
一直到阿拉斯加的区域。欧亚大陆所特有的松鸡家族的代表是北欧雷鸟
和西伯利亚枞树鸡，还有松鸡和花尾榛鸡。

人类的影响及环保问题

迄今为止，极地北方针叶林带的重要部分就生态多样性和构成而言
还未受到损坏。然而，如果我们对比这两个大陆过去和现在的标志性行
为（设陷阱、狩猎、砍伐和矿物开发开采），我们会发现人类的活动对
这里有着重要的影响，并以不断增长的速度改变着北方针叶林生物群
落。狩猎和设陷阱是引起两个大陆变化的主要原因。

砍伐是两个大陆变化的主要原因。树木砍伐和商业性采伐的过程要
经过几个阶段。最初在北方针叶林带的采伐是为了收获高大的松树、云
杉和美洲落叶松而引起的，这些树木能够被用作锯木材，出口到两个大
陆中人口更多的地方。在北方环境中，大树长成锯木材的速度是很缓慢
的，于是，采伐改变了方向性，即采伐云杉来满足造纸和纤维行业所需
要的纸浆用材。

高度发达的芬诺-斯堪的纳维亚林业——对斯堪的纳维亚的北方针
叶林带生物的多样性有着重要的影响。对自然森林的损坏并用商业性林
地代替导致了植物和动物的数量不断减少，在某些情况下，我们正做出
努力来缓和现代林业的影响，因此，这个地区生物的多样性才能够被重
新建立并且维持在一定的水平。

现代化的采伐需要符合经济原则，而清场伐木是最划算的，且只采
伐一两种树种。树林经砍伐后很快又被种植上针叶林，省略了在自然森
林再生过程中的阔叶树的自然植被进化阶段。重新种植的人工林是现代
北方针叶林风景的一个重要组成部分：包括那些经过精心管理和在林产

品行业中起重要作用的树种。在北方针叶林带，这些变化可以在北美找到，从新英格兰北部、加拿大东部、密歇根上半岛、威斯康星州，一直到加拿大落基山脉的北部边界和阿拉斯加州中部，类似的观察也适用于从芬兰到欧亚大陆西部的乌拉尔山，或到太平洋沿岸的乌拉尔山脉东部。

在北方针叶林带中对高大树木的采伐导致了一些古老森林的刘除，也使曾经是古老森林中栖息地特化种的植物和动物的数量、类型不断减少，同时，喜欢在被干扰土地上生存的栖息地广辐种的数量有所增加。由于只是重新种植我们需要的树种，植物的多样性大大地减少了，芬兰北部林业学的研究表明，被现代林业所威胁的古老特化种有地衣、兰花和西伯利亚山雀、貂鼠和北欧雷鸟。在北美附近的西北太平洋地区，围绕斑点猫头鹰和它在古老北美黄杉栖息地的争论引起了广泛的关注。然而，斑点猫头鹰只是遭受西北太平洋古老森林砍伐威胁的许多物种之一。

人类的猎杀活动与政策有密切的关系。刘易斯与克拉克远征队发现的俄勒冈威拉姆特山谷，是拥有许多树木的宽阔的草原。我们发现，在这个山谷中树的刘除是曾经用火狩猎的印第安人造成的。在斯堪的纳维亚和俄罗斯的西北部，狼、棕熊、狼獾和山猫变得稀少，它们的数量维持在一个很低的水平或是完全被根除。在斯堪的纳维亚的狼群，由于狩猎活动变得越来越少。食肉动物在数量上的减少，在某种程度上使在同一地区的北美麋鹿和欧亚小鹿的数量有了显著的提高。在欧亚大陆北部的北方针叶林带，人们在整个森林带放牧，在过去的30年中，减少在森林中放牧的活动造成了食草动物的饲料的增加。此外，在砍伐后的最初几年中，被砍伐的树木提供了大量的饲料。虽然狩猎活动使食肉动物的数量一直处在一个较低的水平，但是采伐对于大型食草动物来说，例如北美麋鹿和欧亚小鹿数量的增加还是非常有利的。

湿地和沼泽的排水系统，加上农业扩张、泥炭开采和帮助商业林地重新建立的泥炭沼泽排水系统，这一切都对沼泽的生态系统，尤其是对

泥炭藓和泥炭

泥炭藓是由150多种生长在降水量多、蒸发量少的潮湿环境中的苔藓组成的。泥炭藓通常生长在沼泽、池塘、泥沼和泥炭沼泽中。由于泥炭藓生长在最上层，在下层的苔藓逐渐死亡。腐烂的、部分干燥的、紧凑的泥炭藓通常成为水藓。水藓在花卉行业有着重要的商业用途，它们能够作为生产花盆和花篮的材料。

泥炭是由部分被分解的生物原料（主要为植物）构成的。这个分解过程不完全，主要是发生在没有氧气的静止水面之下，留下了大量的能够储存或者压缩水的炭化组织。这些材料被用作土壤结构改良剂，干燥时也被用作燃料（例如，在德国和芬兰被应用在家庭供暖和发电方面）。

北方针叶林带的南部有着重要的影响。

本土哺乳动物的引进对于北方针叶林带一些地区的动植物有着重大的影响。在芬兰，北美白尾鹿在20世纪初期被引进，并在1934年在本地区奠定了它的地位。美洲鼬和麝鼠是从欧洲北部和东部引进的并在农场上养殖，麝鼠分散在欧亚大陆北部的大部分地区。现在它们经常在欧洲北部中心地带的堤坝上挖掘地洞。西伯利亚东南部的当地动物——狸，1927～1957年在欧洲俄罗斯地区被放养，这样有了更多的毛皮产量。这些毛皮动物向西部延伸，在1945年，瑞典也有了狸，在20世纪90年代末期，它们进入了芬兰的大部分地区。波罗的海地区温和的气候并不适合这些在寒冷气候中才能长毛的毛皮动物。因此，它们在瑞典和芬兰沿海作为毛皮动物就没有太大的价值了。

在北美对于食肉动物的控制和欧亚大陆西北部相似。在北美的北方针叶林带，狼和棕熊的数量有所减少。大规模的地面采矿活动（露天开采、勘探和疏浚河道），建造水力和洪水控制堤坝，这一切都对北方针叶林造成了破坏，并且改变或扰乱了大型哺乳动物的分布。在建造阿拉斯加州输油管道期间，对北美驯鹿的影响为大多数人所知。在北美针叶林带的老围层和山区，由于铜、煤和铁的开采，家畜的放牧，天然气和石油的开采和开发，对北方针叶林带栖息地造成了大面积的破坏，这在落基山脉地区尤为常见。

在过去的半个世纪中，北方针叶林带的树木处在被砍伐和使用的过程中，娱乐性的使用逐渐造成了森林的改变和破坏。有不同滑雪道的滑雪胜地，还有居住区的发展，家庭度假的发展，购物和娱乐，基础设施的支持（交通、公共事业、废水处理等等），这些因素对于北方针叶林带地区都有着重要的影响。一种普遍流行的娱乐项目——雪地汽车，它也是在斯堪的纳维亚的北方针叶林带受欢迎的体育运动。它需要在北美北方针叶林带南部区域建造宽阔雪道。雪道、噪声、供应开发和交通，对北方针叶林带都有重要的影响。狩猎本身并没有直接影响北方针叶林带。然而，越来越多的人驾驶四轮越野车和运动型多用途车等，入侵北方针叶林带。

在大部分人生活的林区之中，空气污染作为都市化问题影响了顺风的针叶林带。红杉林是美国西部最著名的旅游观光地，据估计只有不到4%的原生红杉林存在，这些红杉林的损失归因于采伐活动和红杉林迎风带（主要在太平洋沿岸）的都市化发展。由于车辆尾气和日光发生反应所产生的臭氧导致了对针叶林的破坏。由于它们的针叶整年暴露于阳光下，针叶林极易受到影响。科学家发现内华达山脉受臭氧的影响尤其明显，主要体现在白衫、北美黄松、黑松和一些地表地衣等植被中。

全球变暖现象正改变着北方针叶林地区的环境条件，气候的改变会导致栖息地丧失。对于加拿大北方针叶林而言，栖息地的损失将达到50%以上。微小的气候变化会使北极树木线（北方针叶林生物群落的北部边界）向北推动，缩小冻原生物群落的范围，减少与这两个生物群落密切相关的水生生态系统。

采伐、开矿（包括过去的水力开矿和挖掘采金）、娱乐活动和城市发展，完全改变了北方针叶林带。全球气候的变化已经持续了几十年，包括北半球气候的变暖趋势，但是这些只是在最近几年才有所记载，气候变化的结果仍处在人们不断推测和争议之中。大多数现存的试图预测全球变暖所带来影响的科学模式表明，这种影响在北半球的极地北方针叶林带会表现得更为强烈。但是，对于这些变化没有达成最终的一致。例如，这些变化到底是好还是坏？最近的研究表明，气温的微小变化可能会加速北方针叶林带的营养循环，能够提高树木的生长率和树木的产量，这在经济上被认为是有益的，然而，气温过高也会导致北方针叶林带的死亡。同时，这些森林是木材和其他木产品（主要是纸浆）的主要来源，它们的死亡会严重影响俄罗斯、加拿大、芬兰、挪威、瑞典和美国的经济。北方针叶林带似乎对气候的变化反应极为明显，由这些变化所产生的潜在的经济影响，是调查全球气候因素变化的研究者们所关注的焦点。

第三章
温带落叶阔叶林生物群落

温带落叶阔叶林主要分布在潮湿的中纬度地区，那里是典型的高温潮湿气候，通常四季分明，冬季寒冷，夏季炎热。温带落叶阔叶林在秋季脱落叶子，整个冬季树木光秃，等到春季来临后，它们开始吐露新叶，夏季叶茂如盖。温带落叶阔叶林几乎只分布在北半球，南半球只有一个重要的地区，即南美洲的西南部分布着同等类型树木（见图3.1）。

欧洲和东亚的温带落叶阔叶林，大部分被砍伐后转化为其他性质的土地使用，一些西方欧洲国家对美洲的开拓和殖民化，反映了他们寻

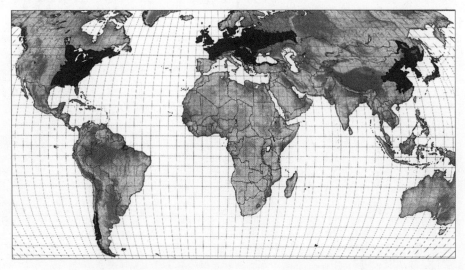

图3.1 温带落叶阔叶林生物群落分布 （伯纳德·库恩尼克提供）

求替代的额外资源，包括商业木材和其他的植物。托马斯·哈洛特是1585年英国在北美东海岸的罗阿诺克岛的最初殖民者中的一员，他是第一个研究殖民地历史的人。他给我们提供了早期殖民地的环境描述，因此也成为第一个描述美洲温带落叶阔叶林生物群落中动植物的人。

事实上，对新植物的探索的这种动力，就是去发现并把一些异国的植物带回欧洲的园林和新植物园。欧洲富裕的赞助商大力支持这种活动。生物学家来到美国西部未被开发的地区，探索适合移植到欧洲的新物种。在18世纪中叶，美国人约翰·班特瑞和他的儿子威廉也被雇佣来做这个项目。法国生物学家弗拉克斯·安德瑞·米切丝和欧洲的赞助商也在新大陆探寻动植物，在1818年和1819年，他一共出版了三册书：《北美森林志》《美国森林种类描述》和《加拿大和新斯科舍省》。

露西·博朗对北美东部落叶林进行了深入的研究。1950年，她出版了她的经典著作《北美东部落叶林》。在这本书中，她把森林带划分为9种类型，至今仍被认可。她还尝试写另外一本图书，书中精确地描述了欧洲殖民者到美洲之前的北美东部森林的概况，至今仍是研究北美东部生物群落的一个参照标准。生态研究自20世纪50年代以来变得尤为重要。北美东部温带落叶阔叶林带成为自然林地生态进化、森林能量流通和营养循环等前沿研究发展的试验地。许多研究持续至今，其中包括全球变暖现象和人类对美国东部森林生态影响等问题。

温带落叶阔叶林生物群落概述

最大的并保存完好的温带落叶阔叶林，形成美国东部和加拿大东南部小部分地区的自然植被，在这里它和北方针叶林带形成一个广泛的生物群落交错区域。在过去，温带落叶阔叶林带的第二个主要区域包括覆盖了欧洲西部和中部的自然植被地区。它从伊比利亚半岛和大不列颠群岛向东横跨西欧、中欧、中北欧及东欧大陆延伸至乌拉尔山脉。北半球温带落叶阔叶林生物群落中第三个主要区域在亚洲东部。它的南部界限位于长江以北，大约在北纬30°的地方。从温带森林的南部边境，一直向北延伸至横跨中国东部至北纬50°～北纬60°的地方，然后进入中国东北部，穿过俄罗斯西伯利亚东部直至堪察加半岛。它的东部边界位于日本东部。温带落叶阔叶林生物群落在东亚的西部界线，可粗略地认为是从沿着东经125°子午线直至中国西南部东经115°的区域。

在南半球，阔叶林是由与北半球完全不同的树种组成的。温带落叶阔叶林在南美的范围较小，主要分布在阿根廷最西部和智利的安第斯山脉的两侧，大约在南纬37°的位置。阿根廷的巴塔哥尼亚干草地构成了这个群落的东部界线。

北半球的温带落叶阔叶林生物群落的三种不同形式在地理上是可分离的，每一种形式和另外一种都有很大区别，过去它们只是穿越北美至欧亚大陆的连续不断的森林带，如今生长着有密切联系的多种植物。温带落叶阔叶林中最重要最典型的树种是山毛榉科，包括山毛榉和橡树。在北半球的温带落叶阔叶林中能发现山毛榉科植物，其他分布广泛的树种有桦树科树木，如榛树、角树和铁木；胡桃科树木，尤其是北美的山胡桃木，还有枫树科树木。这些树木以不同的构成和比例，和当地的树种一起构成了温带落叶阔叶林带。这些树木的树冠能够季节性地打开，使阳光在秋季末期、冬季和生长季的早期，能够到达森林地表。这使许多草本和灌木在树冠完全生长之前就能生长和开花，并又一次遮蔽森林地表。森林次冠层叶簇和地被植物，在树冠长到能遮蔽繁殖阶段所需的阳光之前，就开始了每年的开花和种子发育的循环过程。因此，几乎所有的森林在地面和灌木层都有地表植被覆盖（见图3.2）。

温带落叶阔叶林在中纬度地区有物种最为丰富的植被。这个生物群落的大部分地区都位于小山或高山地区，许多与土壤、山坡、水分潮湿等相类似的微气候变化，导致了在不同海拔高度的植被的多样性。由于在山岭区短距离范围内的环境变化的巨大差异，不同植被间的距离不过几米远。

东亚的森林被认为是最古老的森林，它们很可能是受更新世时期和冰河时代气候变化影响最小的区域（见图3.3），这也可能是这个生物群落中植被多样化的原因。植物群落包括古代植物群和在东亚地区自然分布的植物。在这个生物群落中，和东亚相比，北美的树种多种多样，占据了第二的位置，欧洲的温带落叶阔叶林带树种的数量最少。

每年，在温带落叶阔叶林中的森林地表中，富含氮气的叶子的分解，造成了这些森林土壤的相对肥沃（至少在A层）。新的腐蚀物质也为土壤中的有机生物提供了营养，这些腐蚀物质包括微生物、松土蚯蚓和小型穴居哺乳动物。这些森林地区开发时间久，长时间以来疏松的土壤对农民来说是种植的最佳土壤。两千多年前，欧洲西部和中部温带地区

图3.2　带有森林次冠层叶簇和枯叶层的落叶林　（苏珊·L.伍德沃德提供）

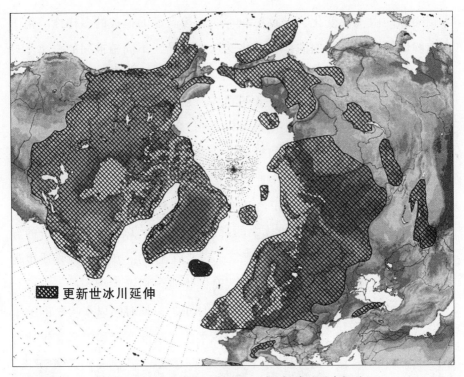

图3.3 北半球的更新世冰川 （伯纳德·库恩尼克提供）

的人们，就将自然植被刈除并种植庄稼。18世纪发明了钢犁之后，农民才能够翻耕温带地区的草皮，并开发了更多富饶的土壤。

在东亚，农业活动在人类历史中的很长一段时间内都极为频繁。这种活动使这个地区几乎没有完好无损的原始森林，在欧洲阔叶林带的许多地区也是如此。只有很小的一部分天然森林被保护（它们是以前的封地狩猎保护区）。虽然这些地区可能会被标上"天然森林"或是"荒地"的字样，但是这些森林也未必是天然的。保留这样的地方作为野生动物保护区就是有针对性地选择植物或是树木，看它们是否能够在这样的地方生存。

当今，在北美东部，我们发现了最大的温带落叶阔叶林生物群落。尽管占地面积很大，但温带落叶阔叶林生物群落仍是第二大顶极生物群落。在过去人们砍伐掉森林开发出农业耕地，现在又开始退耕还林，这个地区又逐渐恢复为森林。

气候环境

在温带落叶阔叶林的所有区域，它的气候和温带气候环境有关。这里有潮湿的亚热带气候（在寇本气候类型分类中为Cfa和Cfb）（见图3.4）和炎热的夏季，还有潮湿的大陆性气候（气候分类为Dfa）（见图3.5和表1.1）。在温带落叶阔叶林中的降水量全年平均分布，平均每年降水量为30~50英寸（约750~1250毫米），同时也受地方性高降雨量和地形作用的影响，冬季气候凉爽寒冷，有降雪。

在这个生物群落的大部分地区，夏季气候炎热，然而，在山区的温度垂直带会形成凉爽的夏季。生长期一般至少为6个月，而在北美这个生物群落的南部、西欧、东亚和南美这个生物群落的北部区域，生长期可能会更长一些。这里四季分明。在中国东部，受亚洲季风的影响，大陆气团向西移动，使这个地区的内陆形成近大陆性气候，夏季潮湿炎热，因此长江流域通常被称为"火炉"。这个地区的冬季寒冷干燥，但是对植被没有什么影响，因为冬季正是植物"冬眠"的时候。因此，中国的树种所处的区域和北半球这个生物群落的部分地区相同，全年降水丰富，气候温和。

地质基础

来自不同地质年代，被沉积物所覆盖的两种不同山系，形成温带落叶阔叶林地表的物理结构。在北美、中欧和不列颠群岛发现了古苏格兰和海西山的山根（阿巴拉契亚山脉的残留部分）。这是最初在古生代和

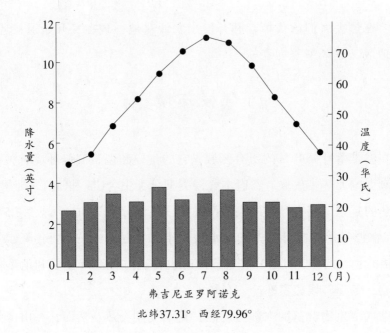

弗吉尼亚罗阿诺克
北纬37.31° 西经79.96°

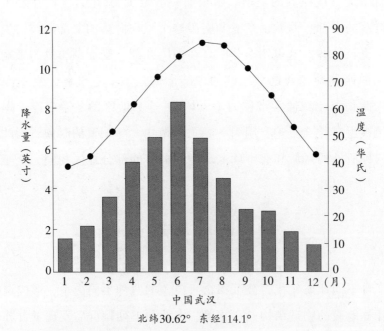

中国武汉
北纬30.62° 东经114.1°

图3.4 夏季炎热型气候类型图(Cfa) (杰夫·迪克逊提供)

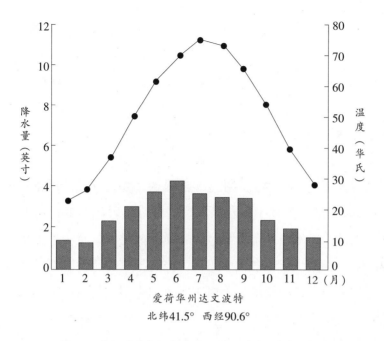

图3.5　常湿温暖气候类型图(Df)　（杰夫·迪克逊提供）

中生代（约2亿～5.7亿年前）形成的山脉丘陵，在那时，它们没有经历造山运动，而腐蚀使我们看到了坡面地形。我们称在南美、东亚和亚洲中西部的阿尔卑斯山系为第二类型山系。这些山脉自侏罗纪时期（约6600万～2亿年）形成，相对年轻，山脉凹凸不平，送风带在中部和陡峭山坡。温带落叶阔叶林带的第三个地形结构是沉积盖层。它们包括沉积岩石层，也没有那些由于造山运动所形成的地盾暴露。沉积岩石层覆盖了久远年代以前形成的地表结构，例如穿越欧洲北部平原到乌拉尔山脉的阿巴拉契亚山系和亚洲西部的高加索山脉边境。

土壤条件

在温带落叶阔叶林带生物群落中，两种类型的土壤较为常见，另外一种只是偶尔出现。所有的土壤都是土壤灰化形成过程中的主要产物。淋溶土是中度风化的森林土壤，是分布广泛的土壤类型之一。这些是在B层的潮湿气候下存在的灰色森林土壤，它们通过积聚硅酸盐泥土矿物质（沉淀作用）为植物保存营养物质，例如镁和钙（见图3.6）。这些土壤通常在森林中的凉爽地带存在。湿淋溶土是淋溶土的一个分支，它主要在潮湿大陆性气候和炎热夏季气候条件下生长。

与淋溶土相比，老成土是在温暖潮湿的条件下形成的风化森林土壤（考虑到时间和潮湿条件下风化的速度，淋溶土可能会退化为老成土）。在老成土地区，降水量增加会导致矿物质的改变，这意味着更多的浸出（淋滤作用），会造成土壤盐基水平的下降和土壤肥沃性降低。贫瘠的老成土通常被称作"红与黄森林土壤"。这些土壤由于在A层随其他矿物质一同滤出的残余铁铝氧化物的原因，有变红色和黄色的趋势。

在整个森林带，土壤上面的有机层由每年秋天的落叶积聚而形成营

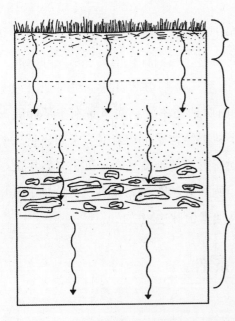

腐殖质丰富(酸性物质丰富的有机物质)

降雨中的水将氧化物、泥土、碱和可溶于水的矿物质移除(淋溶)，并留下泥土和有机物质被去除的漂白层

上层的水将氧化物、泥土和有机物带走并沉积在这里(淀积)

图3.6　土壤的淋溶和淀积作用　（杰夫·迪克逊提供）

养物质丰富的落叶层构成。这些有机层在冬末春初，随着气温的上升开始分解，产生了黑色光滑的腐殖质层。在早春，树叶层的腐烂使这些枯叶产生矿化，植被需要肥料快速成长时，雨水就会把这些营养冲到土壤植被的根部。当水分从雨水中渗到腐殖质层，腐殖质微粒就会被冲到土壤的A层，维系土壤层在黑褐色物质下方。在落叶阔叶林中的腐殖质与北方针叶林带的针叶树冠相比，酸性较弱，这样在A层中淋溶土的滤出就没有在灰土中那么严重。铁和铝不容易被冲走，但是会保留在土壤的A层，与硅生成化合物。正是铁和铝的氧化物（褐红色或铁生锈后的颜色以及铝的微黄色）生成这些红色和黄色的森林土壤与这些铁和铝化学元素(Fe和Al)，让土壤有了淋溶土的名称。

在森林落叶层中，那些从分解的树叶和森林其他生物中得到的营养，会被从A层滤出，然后积聚在B层，和深棕色的腐殖质一起，变成了独特的棕色。B层土壤对植被的生长非常重要，在生长旺季，植被的根部能伸入这样的深度去吸收矿物营养。农民们通过翻犁来触及B层土壤，让B层土壤露出，从而使短根耕作的植被能吸收到这层土壤所提供的营养。

植被状况

温带落叶阔叶林是从树冠顶层到地面层的多层植被结构（见图3.7）。最浓密的树冠层是由最高大的乔木构成，在树冠层的下面是第二层，主要是由小树或幼树的树冠构成。森林次冠层树木完全成熟的时候也不能达到森林树顶的高度。灌木层构成森林的第三层，主要是由落叶阔叶林、常绿阔叶林，以及多年生草本植物所构成，如地面层主要有石松、地衣和苔藓。一些温带落叶阔叶林中的生长形式并不完全符合普通的分层种类，如木质藤本（藤本类植物），在北美森林中这样的植物有毒葛

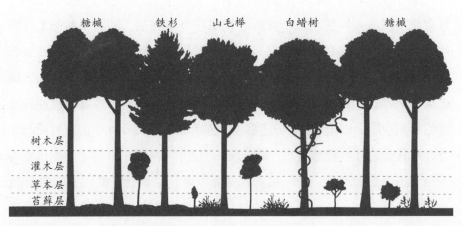

图 3.7　北卡罗来纳州大烟山的山毛榉、枫树、铁杉的图解　(杰夫·迪克逊提供)

秋天的树叶

也许每年最容易看到的季节变化现象就是树叶颜色的变化：秋季树叶的颜色从绿色到黄色、红色、橘色和棕色。这种颜色的变化是由植物中的物理过程引起的。当白天变短，夜晚气温下降的时候，落叶阔叶林树叶中的叶绿素开始减少。因此，叶子中的黄红颜料开始出现并为森林的树叶提供了独特的色彩。每年叶子的颜色随着很多条件的变化而变化。例如，生长期的温度和湿度，某一年中生长期的长短，初霜的开始，等等。秋天树上叶子的颜色多种多样并同时出现，这样的森林吸引了大批游客。

和野生葡萄。

在温带落叶阔叶林中所有的生物都有较强的季节性，这是这种生物群落最显著的特征。所有的植被都经历了季节性的快速生长（植物的发芽、成长、开花和结果），在一年中最冷的几个月里它们都有各自的休眠期。

在秋季，叶子脱落之前，它的结构发生改变，颜色也有所变化，一开始在叶柄处出现了脱落区，一旦这个脱落区形成，一种保护性的材料就会在叶子的表面形成，并在叶子落下时暴露从而防止水分的流失。在整个冬季休眠期，这层保护外衣会保护植被组织免得干枯。

随着春天的到来，气候逐渐变暖，白昼渐长，当树液从根部流到树枝时，树木开始发芽了。榛子树和枫树会在叶子还没长出来时就开花了，而其他树木都是在叶子完成最初的成长后才会进入开花和结果阶段。椴木（在欧洲被称为菩提树）是极少数的、直到它的叶子完全长好后到夏季才开花的树木，在叶子生长过程中还进行一些与昆虫有关系的活动。在春天，新生的叶子含有氮、磷、钾等物质，许多昆虫会在这个季节产卵，从而与那些营养物质相协调。当有足够多可利用的营养时，新叶就会开始生长。昆虫产卵的另一个影响就是引来了许多候鸟，它们能根据昆虫的数量来确定它们迁徙的时间，并见证每年春天新叶的成长。

在整个成长季节中，叶子中的营养比早期成长阶段有一定的减少，当夏天到来时，一些植被会将营养物质储存在嫩枝和树干的树皮中，其他的一些营养会被叶细胞剔除，然后被雨水冲走，这时，镁和钙的合成物能在叶子里积累和储存。当秋天叶子落下后，这些矿物质就会成为森林枯枝落叶层的一部分，叶子在森林地表积累，形成温带落叶阔叶林稠密的腐殖质层。当森林中生物数量减少时，营养会被释放，然后被冲刷到土壤中。反过来，富含营养的土壤也正是落叶阔叶树的必然需求。

树叶的生长，营养的储存，叶落，叶子腐烂，以及土壤中丰富的营养，维系着一个紧密的营养循环过程。大量的能量在树木每年生长新叶时被消耗，落叶树叶子的生产活动是一个非常成功的选择，森林要在潮湿的气候中才能产生保护能力强的新的常绿叶子，这在潮湿的中纬度地区，落叶阔叶林占主导地位的环境中就可以看出，因为潮湿的中纬度地区具备最有利的生长环境。

温带落叶阔叶林的年度"绿化"开始于地面多年生草本植物开花的

早期。它们发芽、开花和结果给森林带来长期冬眠后的第一抹新绿。在北美温带落叶阔叶林中，早期生长开花物种有野花，如盾叶鬼柏、春天美人和地钱，这些最初开花的物种像臭鼬甘蓝，能在大雪覆盖地面后依然开花，由开花产生的热量可以融化覆盖的积雪（能让积雪不至于那么厚），在积雪融化，但叶子还没有长出时，阳光就会到达森林地面并温暖它，这对于多年生的灌木来说，是一个很好的优势，会在乔木还没有生长前，在短期内完成自己的生长过程。灌木层是回应早春的第二层植被，在北美东部，山胡椒是第一个开始发芽、开花的灌木，其他开花的灌木紧随其后，例如紫荆、唐棣、花楸和山茱萸。

　　所有这些在地面和灌木层的植物的早期发展速度，都随着树苗和树冠层的生长而变得缓慢。一旦簇叶冠盖的叶子完全长成时，较低层的叶子通常在几个月内才能完成它们的生长。

动物的生活

　　温带落叶阔叶林生物群落跨越的环境条件多种多样。同时，动物的生活也各有不同，这个生物群落为无脊椎动物和脊椎动物提供了各种食物资源和栖息地。在很大程度上，在这个生物群落中，各种富含营养的植物为食物网提供了能量，它们包括叶、汁和种子、坚果和浆果、树枝、树干和树皮中的丰富的营养成分，分解森林中的枯枝落叶、死亡和垂死的木质材料、动物腐烂尸体等等。众多的毛毛虫、飞蛾和其他鳞翅目昆虫，都是营养丰富的绿色树叶的消耗者，它们有的只吃剩余的叶子，有的吃掉除了叶脉之外的所有叶片，只留下树叶的漂亮"骨架"，还有一些主要吞噬叶子的内部细胞，留下看起来像艺术剪纸一样的叶子。各种甲虫（鞘翅目）以及两翼昆虫（双翅目）生活在树上和森林枯叶层中，它们以找到这个生物群落中腐烂的细胞材料为生。

在这个生物群落的潮湿地方，脊椎动物以多种两栖动物为代表，如青蛙、蟾蜍和火蜥蜴，多种爬行动物包括蛇、蜥蜴和龟，种类繁多的昆虫为许多食虫鸟类提供了食物来源。啄木鸟熟练地在树皮和腐烂的树枝、树干上找到幼虫和甲虫，捕蝇草通常能够抓住树冠中飞行的昆虫，燕子一般在树冠上捕食树梢上出现的昆虫，画眉鸟在落叶层中寻找昆虫和幼虫。啮齿目动物，如田鼠、老鼠和松鼠，以及蝙蝠、食虫动物（例如，鼩）是温带落叶阔叶林群落中多样化的哺乳动物。狐狸是这个森林中最具代表性的小型捕猎者。由于人类的活动，大型哺乳动物的数量正在改变，在某些情况下，农业活动和森林转换为居住土地，造成了大型哺乳动物的迁移。过度狩猎减少了大型哺乳动物在一些地区的数量，使一些动物濒临灭绝。北美东部的森林都经历了狼和美洲狮的灭绝，在这个生物群落的北部地区，狼的数量保持相对较低的水平，美洲狮的数量稀少，它们主要生活在从佛罗里达州到加拿大的广大地区。在北美东部的中西部地区，森林野牛和美洲赤鹿已经被清除（当前我们正做出努力把美洲赤鹿重新引进温带落叶阔叶林中）。在波兰的比亚沃耶扎森林中，有一些与北美森林野牛有密切关系的本土欧洲野牛幸存。几十年前，居住在森林中的欧洲野马也灭绝了，它是驯养马的至亲。

季节的变化影响了这些地区中脊椎动物的生活方式。它们繁殖的时机和丰富的食物供给时间相一致，在冬天，一些动物的冬眠是对寒冷气候的一种适应。另一些动物迁徙到气候温暖的地方，以应对食物短缺。

石隙，动物洞穴，山洞，中空的原木，甚至冷清的蚁丘都是蛇冬眠的地方，青蛙在池塘和湖泊底部挖掘出的泥土和残骸中进行冬眠。蝾螈和蟾蜍在干燥寒冷的环境中寻求保护，并在山洞、腐烂木头、土壤缝隙，甚至被遗弃的啮齿目动物的洞穴中冬眠。在北美东部的温带落叶阔叶林带的东部和中部地区，大约75%的夏天留鸟在冬季迁移到南部。那些留下来的鸟类通常是杂食者，如山雀，或是食虫鸟类，如红胸文鸟和啄木鸟，这两种鸟都有能力撬开树皮，啄食树皮下的昆虫。这个生物群落北部的蝙蝠在冬季一开始就迁徙到南方并在天然树洞、建筑物或洞穴中冬眠。在这个生物群落中的大多数哺乳动物在冬季不迁徙，经历寒冷冬季的一些哺乳动物要进行冬眠，如土拨鼠、黑熊和东部花栗鼠，一到最寒冷的月份它们就从这片土地上消失了。

温带落叶阔叶林带的主要区域

在北半球，这个生物群落被分为三个不同的地理区域（见图3.1）。它们在气候和其他物理环境方面十分相似。南半球只有一个相对较小的区域属于这个生物群落。

美国中东部、东部及加拿大东南部

美国东北部的温带落叶阔叶林生物群落是位于大约由西经95°、北纬48°、南纬30°之间与大西洋所构成的地理区域（见图3.8）。这大致与由联合国粮食及农业组织（FAO）在全球生态区域上关于"温带大陆森林"和"亚热带潮湿林"的划分相吻合。沿北部边缘，这个生物群落与北部的针叶林带接壤。这两个生物群落的广阔交错地带，从湖畔树林（加拿大马尼托巴省东南角）南部海岸延伸到苏必利尔湖西部海岸的雷湾。从那里横跨密歇根州上半岛的北部边缘和安大略湖的东南，继续朝着加拿大魁北克省加斯佩半岛的北部海岸行进。我们在广泛的交错地带发现了当地环境条件的巨大变化——湿地、沙丘、湖泊、池塘、沼泽、散落在薄土里裸露着的岩石结晶，古老冲积平原和新形成的洪泛平原，这些都是湖泊、山地等作用引起了气候变化——所有条件都互相作用。这个交错群落是两个生物群落林地的点缀，是各种比例的不同物种的混合。

　　这个生物群落的南部边缘位于美国东南部的沿海平原，那里降水量丰富，气候温暖。但土壤具有较低的自然肥力，因此落叶阔叶林被对土壤营养需求较低的针叶林和常青阔叶林所代替。在阿巴拉契亚山脉的较高海拔处，这个生物群落渐渐与北方物种相混合而进入交错地带，然后在山脉的山脊处被北方森林所代替（见第二章）。这个生物群落覆盖了北美的大部分地区，跨越了多个地形区域。就地质地貌、气候和微气候、植被构成而言，它们各有其独特的特点。整个生物群落的点缀部分是由适应当地条件的阔叶树组成的，也是大陆东南部的物理环境多样性的一个反映。在对北美阔叶林带的综合研究中，布劳恩指出了构成地区镶嵌植物的九种不同类型的森林区域。橡树、美国山毛榉、山核桃木、糖槭和菩提树是这个生物群落中常见的树木，如今也是不同的温带落叶阔叶

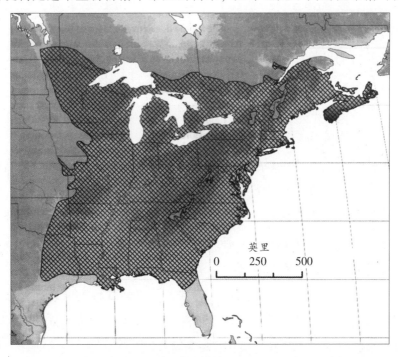

图3.8　北美温带落叶阔叶林带生物群落　（伯纳德·库恩尼克提供）

林的标志。美国栗树曾经也是常见的森林树种，然而，现在它在树冠层濒临灭绝。几种常绿针叶树，构成众多中温带混交落叶阔叶林的一部分，它们包括各种松树和东部铁杉木，当地的环境条件有利于它们的发展时会同时出现。

由布劳恩提出的橡树-山胡桃-松树森林地带和山麓高原地形区域相一致。这个森林带包括从宾夕法尼亚州到亚拉巴马州的阿巴拉契亚山脉的东部区域。这一地区海拔高度在200~1000英尺（约60~300米）。地表倾斜，局部送风现象并不常见。夏季炎热潮湿，冬季凉爽（南部）寒冷（北部）。北部的生长期约为180天，南部的生长期约为240天。年降雨量为42~52英寸（约1070~1320毫米）。在橡树-山胡桃-松树森林地带北部的土壤通常为淋溶土，而南部为风化老成土。在老成土存在的地方，下

一种死亡的树

美国栗树曾经是东部森林中最高大的一种树木，也是这个林地中最主要的树木。20世纪30年代这种普遍的主要的树种死亡了。纽约市在1906年遭遇了能够引起枯萎病的真菌（栗疫病菌）的袭击，真菌孢子乘着风势，迅速蔓延到整个阿巴拉契亚山地区，向西进入俄亥俄州，进而从南到北到达北卡罗来纳州。真菌环绕并毁掉了成熟的树，而没有摧毁幼苗和未成熟的树。美国的栗树具有一种从自身树根更新发芽的能力，因此在灌木丛中，人们仍会发现一些栗树。然而，这些树一旦长到不能再生长的时候，它们便会被枯萎病感染致死。在马里兰州和密歇根州，美国栗树中个别的树木似乎已具有了抗病能力。政府也对这种树进行宣传，用幼苗按美国栗树之前的比例来填充温带落叶林。这种方法是否能让这些树的幼苗真正地成熟起来，而不被这种真菌破坏，还尚待分晓。

层土是B层土壤积淀作用形成的。这个地区的指示物种为数不清的橡树，很多橡树已经适应了火灾，并且能够在严重火灾破坏树干之后再生。其他的指示物种还有山胡桃，北美15种山胡桃中，有14种出现在这个植被类型中。我们几乎看不到常青阔叶树，然而，常青针叶树却非常普遍，是这个森林地带的主要树种。短叶松和火炬松在这个地区的南部非常常见，弗吉尼亚松却多出现在北部。开花山茱萸、香枫、酸叶石楠、红枫树和黑紫树都是典型的森林次冠层叶簇树木，并在早春的开花季节比较常见。

橡树–栗木森林地带的大部分，位于山谷、山脊和蓝岭地形区域。布劳恩给予的名称不再适合，因为美国栗木已濒临灭绝，所以现在我们称它为阿巴拉契亚橡树森林地带。阿巴拉契亚山脉的海拔高度为1000～6500英尺（约300～2000米）。当地可能会有高送风带。在这个地区每年都存在降雨的差异，降雨量大约为30～70英寸（约760～1780毫米）。在阿巴拉契亚山系的一些山脉中，山的一侧降雨丰富，而在另一侧则为干旱。据记载，降雨量最多的地方是在大烟山和蓝岭，每年的降雨量达到90英寸（约2300毫米）。在这个森林区域中，阿巴拉契亚山脉南部出现了大量的森林群落：由白橡树和栗树为主要树种构成了混合地带，其他的橡树，如北部红橡树、黑橡树和猩红橡树，也在这个混合区域同时出现（见图3.9）。在潮湿的矮坡地带，高大、直立的郁金香树非常普遍。

东部铁杉通常生长在凉爽的深谷中，尤其是在面朝东北的斜坡上。在整个地区，我们称作海湾避风山谷，包括了物种丰富、和中生林相似的森林群落。由于海湾森林和阿巴拉契亚山脉地区拥有其他的不同树种，如美国山毛榉、郁金香树、东部铁杉、糖槭、黄七叶树、黄桦、白色菩提树和银钟树，因此，它们周围的林地也有所不同。在阿巴拉契亚橡树森林区域，随着海拔高度的增加，一般在4500英尺（约1400米），不耐寒的树种被驱逐出这个混合地带（见图3.7），这个地带被称作"北

图3.9 阿巴拉契亚山脉的橡树、山胡桃、白杨森林 （L.苏·波利提供）

新泽西松林

　　新泽西松林的占地面积大约为1.1英亩（约4452平方米），它包括我们已知的沿大西洋从新泽西到安大略的几个面积不同的区域，起伏不大的波状山地平原，土壤厚实，河水流动平缓，在低矮洼地的地方有沼泽和泥塘，并在以后形成了蜿蜒的小溪。

　　一种特殊的植被出现在新泽西松林并占据了沿海的大部分地区。科学家们把它归为橡树–山胡桃–松树林区，因为这个地区生长着矮小的北美脂松和灌木橡树。北美脂松是这个地区的最具有特点的树木，虽然偶尔被短叶松所代替，但是经常和马里兰栎树、熊橡树和矮栗橡树生长在一起。森林次冠层叶簇通常包括一些橡树的灌木变种（熊橡树和矮栗橡树），还有石楠植物，如美国山桂、蓝越橘和欧洲石楠。在古老的沙地和构成松林的碎石沉积物之间，由这个低矮地区的沼泽地构成的。这里的土壤对于松树来说过于潮湿，而大西洋白雪松楠、红枫树和多花紫树却能在此成长。沼泽湿地中零星散布着蔓越橘。

部硬木带"，包括黄七叶树、糖槭、黄桦和美国山毛榉。通常情况下，森林次冠层叶簇的小型树木如山枫、条纹枫树和枫叶荚蒾，都能在这里很好地生长。地面层包含了各种各样的春季年生草本植物。

在早春，野花在主要阔叶树木长出叶片之前开放。一种常见的野花是盾叶鬼臼（见图3.10）。混合树种在高海拔地区（5000英尺约1520米以

图3.10　阿巴拉契亚橡树林区的盾叶鬼臼　（L.苏·波利提供）

上）变化迅速，从落叶阔叶树到基本上是北方针叶林带的红云杉和冷杉（见第二章）。山灰、黄桦木可在一些能躲避寒冷冬季风的地方生长。

混合中生林地区位于坎伯兰高原，并与阿巴拉契亚山脉南部的西部边界接壤。它是阿巴拉契亚高原地形区域的一部分，在更新世时代仍然没有结冰。该区域由一个表面起伏的山丘组成，充足的降水导致了河床的演变，将这个地区分成了在山谷或山顶的几乎没有平坦地区的区域。在这个地区土壤产生了风化现象，土壤从A层被滤出而丰富了B层。这个地区的植被镶嵌的区域标识称为"混合中生"。这个词来源于这样一个事实：分布在北面的植物与分布在南面和西面的主要树种相重叠。还有一些在阿巴拉契亚山南部或是在坎伯兰高原的植物也混生其中。由于这种重叠的物种分布，北美温带落叶阔叶林生物群落中具有最多样性的森林。三种不同的树种都达到森林冠叶层，九种落叶树在植物群落中成为主要树种，这些树木包括北部红橡木、郁金香树、糖槭、白杨、枫木、白椴木、多花紫树、黑胡桃、黄瓜树、白蜡树和几十年前还存活的美国板栗。除了这些主要的树种，许多较小的树占据着幼树层，例如条纹枫树、酸模树、阔叶木兰（三瓣木兰、雷泽木兰和大叶木兰）。罕见的本土化分布的幼树层树木，有开花的山茱萸、紫荆（大部分地区最近遭到了破坏）、木瓜、美国角树和东部角木。树冠层和幼树层的树木多种多样，灌木和草本层树木也变化多端。

东南常青林在北美东部的温带落叶阔叶林类型中分布极其广泛。这片森林从得克萨斯南部的大西洋海湾沿海平原延伸到弗吉尼亚杰姆斯河河口。布劳恩确定了属于九个温带落叶阔叶林类型之一。通过对植被的仔细观察，我们看出落叶阔叶树生长在洼地或是河谷的洪泛平原上，或沿着沼泽边缘，在很小范围的地区生长，例如能躲避在这个地区经常发生野火的陡峭山谷中。在排水较好地区的土壤中——尽管营养成分已经被滤出，出现了南部红橡树、土耳其橡树、黑皮橡树、星毛栎和香枫。

在沼泽地带，落叶针叶树（落羽杉）通常和落叶阔叶树一同生长，例如水紫树、柳树和美国梧桐。美国梧桐生长在其根系能够获得充足水分的地方。早期探险家的描述给我们提供了欧洲人到来之前，一些自然植物覆盖的大部分地区的信息。由于砍伐转化为森林监督，许多长叶松树被移除，重新将废弃的农田转化为森林，加上现代化的农业技术，这一切有利于将这个地区变为由沼泽松和火炬松组成的林地。在以常青阔叶树为主要植被的地方，主要树种有橡树、广玉兰和美国冬青树。在阿巴拉契亚山脉的边界和海岸平原上，丘陵灌木沼泽或浅沼泽地区的排水系统较差。这些地区的主要树种为常青灌木，大多为石楠家族的成员。

西部中生林地区位于从坎伯兰和阿勒格尼高原的西部边界一直到密西西比河冲积平原的东部，并从密西西比州和亚拉巴马州北部向北至印第安纳州东部和俄亥俄州前冰河期的南部边界（见图3.3）。它包括在伊利诺斯区域的欧扎克山。这是一个广泛的过渡区，从混合中生林到西部草原，森林在整个地区分布并不均匀。虽然北方红橡、白橡木、黑橡树，以及一些果子和植被形成了一个复杂的植被镶嵌地带，但是随着降水量的降低，橡树出现，这个森林区域的植物群落并不像东部混合中生林的植物那样多样化。地形特征、微气候差异和土壤特征，被用来划定混合中生林六个不同的地区的标志。

早熟禾属的主要树木有白蜡木和大果栎，而其他的橡树，如白蜡树、枫树和山胡桃木也在这个森林中。林下灌木丛在这个地区几乎不存在。纳什维尔盆地的地形独一无二，是因为地面由石灰岩和石灰石构成，当地森林群落中的重要物种为雪松林地。其中最主要的树种为红雪松。这些树木有星毛栎、矮栎、薄皮山核桃和翅榆。在幼树层有紫荆生长，它在这个地区的其他树木冒芽长叶之前就已经开花了。

在这个生物群落的西部中央低地和内陆高原地形区域，是橡树-山胡桃林区（见图3.9）。再往北，在印第安纳州和俄亥俄州以前是冰川平原，存在着山毛榉—糖槭林区。虽然这个名字暗示这两种树木都是树冠层的主要树种，但是山毛榉是最为丰富的。糖槭是森林次冠层叶簇的主要树种。林地北面是威斯康星无碛带，它是被更新世大陆冰川所绕过的地理区域。这个生物群落北部相对较小、没有被仔细描绘的地方是糖槭–椴木生长区。

由布劳恩在1950年所概述的第九个也是最后的被称作北部阔叶树–针叶树地区，位于美国东北部的冰川地带，包括纽约和新英格兰。这个地方的树木是针叶树和阔叶树的混合。北方针叶林带的针叶树包括白松和其他的松树，还有红云杉、香脂冷杉和东部铁杉。而阔叶树包括糖槭、美国山毛榉和北部红橡树。

北美落叶阔叶林中的动物

在北美东部的温带落叶阔叶林生物群落的环境多样性，不仅解释了植物群落的多样性，而且也解释了永久或季节性居住在这里的野生动物种类繁多的原因。植被的不同进化阶段增加了这种多样性。就物种的数量而言，两栖动物是很好的代表。生物学家指出，无肺蝾螈存在于这个生物群落。在阿巴拉契亚山脉南部，多样性达到了最高的水平，在那里有30多种当地所特有的物种。

蜥蜴的分布没有无肺蝾螈那么普遍。科学家列举了阔叶林带的11种不同的蜥蜴。其中，东部强棱蜥蜴是迄今分布最广泛的。蛇在整个生物群落也比较常见，它们大都是游蛇科的成员，包括普通的乌梢蛇、王蛇、黑蛇和食鼠蛇。在这个地区的毒蛇之中，最著名的是有毒的响尾蛇（蝮蛇科）。还有一种就是铜斑蛇。根据当地的环境情况，这两种蛇或多或少地都能够在这个生物群落被找到。

在温带落叶阔叶林中的留鸟或季节性鸟类的数量和差异，也反映了这个生物群落的多样性。正如上面所提及，很大一部分鸟是食昆虫的候

无肺蝾螈

　　无肺蝾螈经历了一些有趣的进化过程。它们在林地中免除了水生幼虫阶段。之后它们就像进化过程那样产卵并在树木和岩石下生长。一些无肺蝾螈分布在阿巴拉契亚山脉南部。而高峰塔蜥的分布区域则很小。红背蝾螈分布在温带落叶阔叶林带的大部分地区，它是这个生物群落中分布最为广泛的脊椎动物。

新热带区候鸟数目的减少

　　新热带区候鸟是那些生活在北美森林，并飞往北部繁殖的鸟，它们之所以选择北美森林，是因为在夏季，森林里有充裕的食物（包括昆虫和种子），这足以保证它们在迁往南部热带地区过冬之前养育后代。鸣唱候鸟的食虫性对温带森林的进化发展起着重要作用，并且控制森林里昆虫的数目，这也至关重要。因此，候鸟数目

图3.11　加利福尼亚长尾鹦鹉，一种灭绝的新热带候鸟　（苏珊·L.伍德沃德提供）

的减少可以看作森林环境质量的衰退。

　　热带的越冬地区和北美的温带森林是北美森林破坏最严重的两个区域，与此同时，它们也导致了候鸟数目的锐减（见图3.11）。森

林的破坏影响了住宅和基础设施的发展，伐木搬运业也转向非森林的利用，选择重栽森林时要考虑候鸟的需要，尽量选取大面积的连续的林地以方便它们养育后代。森林片段化使它们的筑巢区域限制在森林边缘，并更容易受到狩猎者的袭击，最终导致了新生林鸟类数目的减少。

鸟。在早春昆虫数量多的时候，它们就来到这个地方，而当寒冷季节到来没有昆虫作为食物的时候，这些鸟就离开了。这些候鸟被称作新热带地区的移民。它们在美国南部和中部的热带环境中度过冬季。这些鸟类大多鸣声洪亮，在这些森林的叶子表面捕食昆虫。森莺经常被发现在潮湿和生长浓密的幼树层和灌木层的森林次冠层叶簇中。在这个生物群落的北部区域有黑白苔莺和栗莺。在群落南部，黄喉森莺和冠森莺是经常被看到和听到的鸟类。尽管莺是最为常见的迁徙鸣鸟，无数其他鸣鸟也在春季来到森林繁殖。在它们之中有画眉鸟、隐夜鸫、红胸松雀和猩红唐纳雀。许多不同种类的老鹰迁徙到这个生物群系的北方繁殖。在冬季，居住在整个生物群落三分之二地方的老鹰迁徙到南方。从北方生物群落迁移到南方的老鹰有宽翅鹰和赤肩鹰。也许在春夏两季这里的候鸟是最多的，然而有很多鸟长年累月地居住在这个生物群落里。最常见的有小山雀、白胸雀、绒啄木鸟、大啄木鸟和松鸦。很多猫头鹰也常年居住在此。但是它们会根据捕食的猎物而迁移到别处。在它们之中有巨角猫头鹰、条纹猫头鹰和尖音猫头鹰。在某些地方，地面鸟也很常见，而在其他地方却很稀少。它们包括火鸡和松鸡。

在这个生物群落的哺乳动物中，北美短尾鼩最为常见。它的体形小且在森林枯枝落叶层中摄取食物。因为它们不太显眼，人们通常忽视了这种哺乳动物。然而到了傍晚，整个区域中随处可见的是蝙蝠。在这些蝙蝠中，最普遍的是东方伏翼和棕色大蝙蝠。在啮齿目生物群中，最常见的是灰松鼠，而少见的是黑松鼠。东部花栗鼠也很常见，但是与松鼠相比，它们生活在更浓密的灌木丛下。在鼠科中，有白足鼠和鹿鼠，它们在整个生物群中相当多。常见的杂食动物包括臭鼬和浣熊。黑熊并不常见。长尾黄鼠狼和红狐狸是小型的食肉动物，但北美山猫的数量却没有这两种动物那么多。白尾鹿是一种大型的常见食草动物，它们出没在小森林或森林的边缘，能够很快地适应人类主宰的这片森林。事实上，在很多城郊园林人眼里，它们逐渐被看作是一种有害的动物。在这个生物群落中（西弗吉尼亚）只是最近才引入而不太常见的动物是美洲赤鹿。对于其他物种来说，适应这个区域不断变化的生存环境是非常困难的。在整个生物群落中，美洲狮因被捕杀而趋于灭绝。有报道称，从佐治亚州到威斯康星州，美洲狮曾被人们看到。然而到了2007年，我们还缺乏美洲狮重返生物群落的科学依据。这个地区很多地方的狼也慢慢地走向灭亡。试图把狼重新引入大烟山国家公园的计划正在进行中，但如今狼并没有普遍分布在生物群落的中部和南部。也许数量上迅速增长的北美小狼会适应栖息地野生动物的变化。北美小狼是最近从北美草原西部迁移过来的物种，因为有开放的生存环境，所以它能够在美国东部森林的镶嵌地带开放的农业土地和郊区生存。

东亚温带落叶阔叶林

东亚的温带落叶阔叶林生物群落在图3.12中有所描述，它曾经作为未被破坏的森林覆盖了北至北方针叶林带和南至热带雨林带的东亚大陆区域。自古生代（5.7亿～2.45亿年前）以来，除了正常的岩石风化和河流侵蚀过程，这片广阔区域的地质还是相对稳定的，且表面只有小小的变化。与欧洲大陆和北美的西部、北部情形相对比，在新纪元（160万～1万年前），由于冰河的作用，这片区域的绝大多数生物群未被触及。正是这种长期的稳定状况，使得一些古老植物能在这里幸存。在这个生物

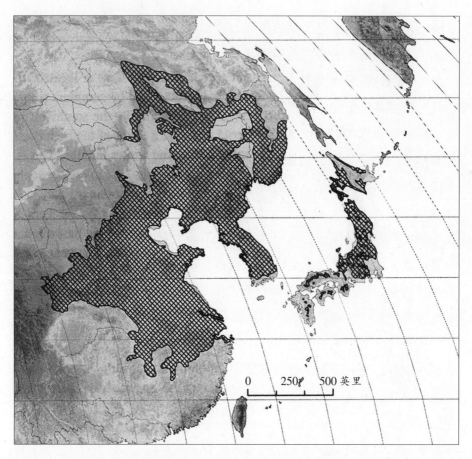

图3.12　东亚的温带落叶阔叶林生物群落　(伯纳德·库恩尼克提供)

群落，我们发现了第三纪（6600万~160万年前）残留的植物区域，分别生长着两种古代的阔叶裸子植物——银杏和水杉。

　　这个生物群落的环境复杂性不仅与这里的地质表面因冰川和地壳运动而受重损有关，而且还与发生在这个区域的各种地形学形态有关，如山脉、海岸平原和冲积洪泛平原。这些因素至少在局部上促进了该区域生物群落的多样化。如今东亚的温带落叶阔叶林也能反映出人类的影响。与森林先前的自然状况相比，自然森林因为人类1000年来的活动而遭到破坏，如开垦耕地、砍伐木材作为燃料。尽管这样，在偏远山区，一些具有深远意义的大面积自然森林和古老庙宇得以保存下来。以前森林所留下的残余至少允许在这个地区的森林植被重新创建。

在中国有三个森林区域。第一个位于长江流域南部，这里的气候特点是由西南季风所带来的高湿度气候，夏季炎热高温。冬季期间通常寒冷、干燥，这是产生高压气流的冷空气流入该地区的结果。从生物多样性来说，这里是生物群落最丰富的部分，为混合中生林带。这一生物群落的亚地区，橡树是主要树种，包括麻栎、槲栎、白橡木和栓皮栎等。板栗、香枫、角树、菩提树、黄樟树，还有一种阔叶树的残余，一个古老的属——胡桃。还有水杉和银杏，都继续存在于整个植物群落。混合中生林带与南部的亚热带常青阔叶林相接壤。在混合中生林北部地区的南纬32.30°~南纬42.31°，是另一个暖温带落叶阔叶林带，其中橡树是主要树种。这些物种组成与南部的中生植物森林有所不同，这里的主要树木是大明橡树、辽东橡树、蒙古橡树。

东亚最丰富的温带落叶阔叶林在中国北部和东北部省份最为常见。在这个温带和北方针叶林带混合的地区，有20多种森林树木。这种物种多样性是由在冠叶层中占主导地位的常见树木的共同存在而出现的，如橡树、枫树、角树、赤杨、核桃、白杨、朴树、白蜡树和菩提树等。这种植被结构通常由若干层组成。树冠层包括了最主要的树木。在树冠层下，较小的树木组成了第二层，例如小枫树、角树和山上白杨。灌木层下方的幼树层包含木本植物如山茱萸、卫矛和胡椒。丰富的草本层通常是在灌木层下面。这种树木类型从中国北部延伸到朝鲜半岛。它也是在靠近太平洋的日本九州岛，北纬37.3°~北纬38°地区的最主要的树木。

中国的落叶阔叶林带位于高纬度和高海拔地区。在这些北部山区，是以白桦为主要树木的寒冷温带落叶阔叶林。日本西北部有一个不同类型的寒温带森林，它的主要树木是树冠层山毛榉和大橡树，下面是茂密的丛林竹。

　　由于几千年来土地使用的巨大影响，这个地区不仅毁灭和改变了自然森林，而且只有少数树木残余生存在保护区，并对这一生物群落的动物群有更重要的影响。除了在偏远地区、无法进入的斜坡和公园，或是由于文化方面的原因而被保护的区域有野生动物存在，否则我们无法证明自然动物群落的多样性。据推测，这里动物的生活与欧洲大陆西部的相类似。一些知名动物仍然存在，如大熊猫、东北虎、狸、紫貂、猕猴、鹿；如麝香鹿、梅花鹿和欧洲赤鹿。其他哺乳动物包括金丝猴、喜马拉雅黑熊、豹、中国斑羚和野猪。这个地区几种常见的鸟有雉鸡、白腹黑啄木鸟和仙八色鸫。一些稀少的鸟类受到高度保护，如黑鹳、白尾海雕、大鸨、鸳鸯和凤头麻鸭。在大多数情况下，这些鸟在一段时间内一直被保护，这可能是它们生存到现在的原因。

欧洲温带落叶阔叶林

　　这个生物群落的欧洲部分在图3.13中有所展示。 欧洲的温带落叶阔

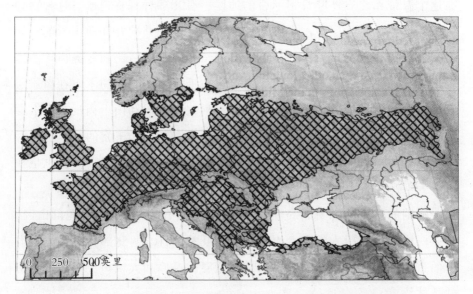

图3.13　欧洲的温带落叶阔叶林生物群落　（伯纳德·库恩尼克提供）

叶林带受到更新世冰川和亚欧大陆北部的持续冰层移动的影响，气候不仅对于这样大块冰块有影响，而且对于其本身也是非常重要的。围绕大陆冰层的冷气团破坏了广大范围的森林。许多在更新世之前就适应这个地区的物种，由于山脉（阿尔卑斯山）的东西部阻止了向南部的迁徙而遭受灭绝。因此，温带落叶阔叶林带的欧洲部分是这个生物群落四个部分中生物多样性最少的。

迄今为止，最广泛的地理区域和环境条件中，最主要的树木是欧洲山毛榉。由于人类特意种植的这种干预，欧洲赤松迅速成为最主要的森林树种。许多亚区域由于存在许多和山毛榉同时存在的树木，如橡树，而变得有所不同。欧亚大陆的这一部分相对来说环境变化比较大，这些都是气候、地形、海洋的距离和海拔变化的结果。植被基本上沿着环境渐变而分布。在西部，夏季凉爽、冬季温暖的温带海洋性气候（西海岸或Cfb）延伸到内陆地区（见图3.14）。在东部地区，随着距离大西洋越来越远，夏季温暖炎热，冬季寒冷的大陆性气候（Dfa、Dfb）占据了主导地位。

这些东部区域也存在重要的年变化区域。不同区域的纬度位置对气候的差异有着重要的影响，这个生物群落的植物构成方面也存在着从南至北的差异。欧洲植物地理学家和生物学家区分了两个根据纬度来划分的主要地区植被类型：中欧寒温带森林区域和位于地中海地区的暖温带亚地中海森林区域。每个森林区域又根据经度不同而被划分得更为细致。

中欧森林区域中的主要植被类型是有梗橡树和无梗橡树（见图3.15）。在大西洋沿岸、北海沿岸和大不列颠的凉爽、潮湿海洋性气候地带，是大西洋辖区。在这里，有梗橡树是主要树种，但是山毛榉生长在森林未被破坏的地方。亚大西洋地区包括沿着从大陆的北部沿海，穿越东部的易北河和法国中部的断层，直至法国和西班牙之间的比利牛斯山的区域。在亚大西洋地区，美国梧桐、无梗橡树、菩提树和山

温带森林生物群落
Temperate Forest Biomes

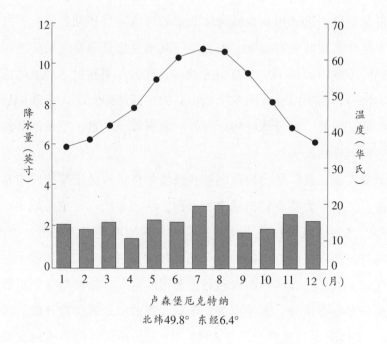

卢森堡厄克特纳
北纬49.8° 东经6.4°

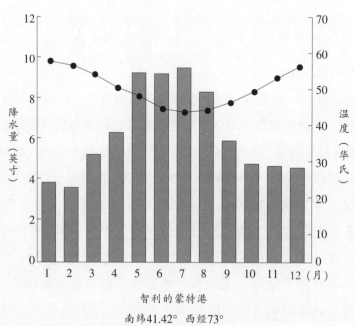

智利的蒙特港
南纬41.42° 西经73°

图3.14 夏季温暖型气候类型图 （杰夫·迪克逊提供）

图3.15　德国的海滩橡树森林　（L.苏·波利提供）

毛榉是树冠层的主要树木。欧洲中部地区，即从亚太平洋地区穿过法
国东部、比荷卢三国、德国到波兰中部，山毛榉和无梗橡树是主要树
木。从波兰中部穿过乌克兰到乌拉尔山南部，有梗橡树是阔叶林的主

图 3.16　德国莱茵哈德森林中的排列整齐的橡树林　（L.苏·波利提供）

要树种。这是混杂森林带，它包括了中欧森林区域的第四种和最后的地区。这个地区缺乏在大西洋和亚大西洋地区所发现的大部分树种。同时，这个地区也遭受了由于商业林带建设而引起的农业转化而带来的种种损失（见图3.16）。

　　最大范围拥有自然植物群落的中欧森林是比亚沃耶扎国家森林公园。这个森林地带横跨波兰–乌克兰边境，面积为485平方英里（约1250平方千米）。比亚沃耶扎国家森林公园的主要树种为角树。与此相关的树种还包括白蜡树、欧洲赤杨、挪威枫树、白桦树和野苹果树。有一件奇怪的事情是，在这里出现了北方针叶林带的树种，例如云莓和矮桦，它们是欧亚大陆冰川向北撤离时的残留树种。

　　中欧森林地区的南部是亚地中海森林地区，它是之前自然林地的残留。这个地区的主要树种为橡树。在过去，也有一些非常重要的树位于树冠层。其中有西班牙栗树、榆树和菩提树。在亚地中海森林区域又可分为三个地区：最西部是地中海西部地区，它位于穿越西班牙北部、比利牛斯山（除了高纬度的阿尔卑斯山地区）和在中央地块西南部的森林区域。橡树和黄杨木是这个地区的主要树种。东面是亚地中海森林带中部区域，它区别于西部本身所拥有的主要树种。东部的树木主要有角木、蜡树、榆树和橡树。与东部相邻的是东部亚地中海区域，以前的主要树种有角树、枫树和几种不同类型的橡树。

欧洲的温带动物

在欧洲的西部、中部和东部的这个生物群落的大部分地区，当代动物生活反映了大部分森林在毁灭很久以前作为农业和拓居需要的情形。此外，多种形式的森林实践，例如有选择性地种植商业上可买卖的树种，只重新种植好的树种，为过去的贵族提供更好的"狩猎环境"（见图3.16），这一切都大大改变了动物的栖息地。过去和当前的狩猎有

夜 莺

夜莺之所以有这个名字是因为它经常在夜里歌唱。它是一种比大多数麻雀稍微大一点的鸟，而且它的歌声相对而言比较洪亮，充满啼啭声。由于它悦耳动听的歌声，它曾被当作最有价值的笼中之鸟。特别是在欧洲中部的春天和夏天的夜晚，人们可以听到夜莺的歌声。大部分唱歌的夜莺都是无配偶的雄性夜莺，它唱歌是为了吸引雌性，或者是保护领地还不是很清楚。这是一种适应城市和村镇生活的鸟，它大声歌唱是为了掩盖过城市和城镇交通和其他人类活动的噪声。

杜鹃鸟

　　大杜鹃鸟（从前的名字是欧洲杜鹃鸟）是杜鹃鸟队伍中的一员。在春末及整个夏天，大杜鹃鸟独特的叫声（被杜鹃钟所模仿）可以在西部的欧亚森林周围被听到。在文化种群中，关于杜鹃叫声的传说多种多样。在德国，冬季过后杜鹃的第一声叫，被看作春天到来的信号。在东欧，一些传说认为，一个人听到杜鹃叫声的数量表示着那个人可以活多久。一些传说认为，杜鹃的叫声是告诉人们，他将会有成功的一年。

　　常见的杜鹃是一种寄生生物，当有机会时，雌性杜鹃会很快将卵产在其他鸟的巢穴中，并移走寄主的一个或更多的卵，以免被寄主看出卵数的增加。当小杜鹃鸟被孵出的时候，它会很快长大，并且逐出其他的蛋或小鸟，并总是向养育它们的父母要食物。

利于某些物种，而其他的动物，例如狼，已经被灭除。大多数经历了欧洲森林的大量破坏还能够幸存的动物，是那些居住在温带落叶阔叶林带公园、灌木和花园中的动物。在欧洲西部和中北部，鸟类的数量繁多，包括几百种濒危和稀少的鸟类。许多在美国森林的鸟类家族的成员，我们在欧洲也能看到。这些鸟包括五十雀、大山雀和蓝山雀；啄木鸟，如白背啄木鸟、绿背啄木鸟和小啄木鸟；画眉有黑色画眉、鸣叫画眉和夜莺。

　　森林捕虫鸟像红胸姬鹟和斑姬鹟，与北美的捕虫鸟非常相似并展现出与之完全相同的行为。但是捕虫鸟属于一个完全不同的鸟类家族（鹟科，也被称作霸鹟科）。在春夏之际，当人们在欧洲森林地带旅游时，能够听到这个地带最常听到的鸟鸣声，那就是杜鹃鸟叫声。对于大多数聆听者，杜鹃的叫声比和它有同样名字的鸟——布谷鸟的叫声更为响亮。

欧洲阔叶林带的小型哺乳动物相对常见，但还有一些特殊的哺乳动物，如花园睡鼠、黄颈鼠、红背鼠或者平鼠。食虫类包括欧洲地鼠和长尾地鼠。一些独特的哺乳动物也很有名，像西欧刺猬、貂和欧洲野兔。较小的哺乳动物包括欧亚红松鼠、欧亚獾和欧洲臭鼬。大型哺乳动物在这个生物群落中的空间分布有很大差异。在落叶阔叶林中最常见的是欧亚小鹿。它经常在成熟森林边缘，或是在幼树旁边，或是在农田活动。在一些多山丘的森林，分布最普遍的是欧亚赤鹿和欧洲淡黄色鹿。野猪也栖息于林木地区，但是它们大部分在夜间活动并且不容易被发现，除非在它们白天休息的地方被打扰才能够看到。在过去的20年，野猪经历了一次有意义的数量巨变。在欧洲森林中，野猪变成了农业地区的滋扰动物。当然，野猪对森林的树苗和树根都有着破坏性的影响。在这个生物群落的东部，追溯到19世纪，温带落叶阔叶林生物群落东部是欧洲野

冈得瓦纳大陆

词语"冈得瓦纳"一般是用来表示在两个非连续区域中有机物的分布，这两个地区在地质上作为冈得瓦纳大陆地质的南部而被连接着。在生态学文献中的残留物指的是在生态系统存在的残留部分，这是在过去的地质中覆盖很大的一部分地区，但是今天残留下来的是一个相对较小的部分。以南部山毛榉闻名的矮假水青冈类，曾经覆盖冈得瓦纳的大多数地区，包括今天的南美南极洲、新西兰和澳大利亚。今天在智利小部分地区所存在的矮假水青冈森林是过去的残留。另一个是南洋杉，它是一种常青针叶林，与矮假水青冈相似，只生长在之前的冈得瓦纳地区。南美温带森林中有超过20种的林木类被子植物是冈得瓦纳的遗产。

牛和野马的家园。20世纪，在东欧森林保护区，欧洲野牛被成功引入。然而，在现在的森林中，野马是一种濒临灭绝的动物。

南美温带落叶阔叶林

在南美，温带落叶阔叶林只限于南美南部的一个小区域（见图3.1）。因为植物群落的独一无二性，它们引起了人们的注意。最主要的顶极树木是南部落叶山毛榉，这是一种生长于前冈得瓦纳超大陆的物种。在智利的中南地区，南部山毛榉生长于冬季多雨、夏季少雨气候特点的地区（见图3.14）（注意季节与北半球相反）。太平洋西面的迎风坡、海岸山脉和安第斯山脉引起了地形的上升。最终，这些山脉的迎风面会接受每年较多的雨雪，雨雪量的多少是随着安第斯山脉树木线高度增加的。山毛榉森林群落大多是由美国西部白橡树构成的，美国西部白橡树来自西班牙的"橡树"，在表面上南部山毛榉比北部山毛榉与橡树更为相似。其他的南部山毛榉也在这个群落中被发现，例如智利假水青冈木。位于这个地区的树木的平均高度可以达到65~80英尺（约20~25米）。在大多数情况下，这个植物群包括与智利地中海植物有关的常青树。在它们之中，有在生物群落南部的山达木，还有在北部的智利南美杉（南纬40°以北）和智利雪松（南纬44°以北）。智利南部的智利常青月桂树在整个地区较为常见，还有科特迪瓦毒戟木和智利榛树。在森林的树冠层下是包含竹子的稀疏灌木层。这种森林类型也存在于海岸山脉的北部地区（南纬33°~南纬34°），这是由海岸的雾带来的降水引起的。再向南，进入智利的中南部，是假山毛榉–水青冈木森林带，它和朝南山坡的凉爽潮湿的气候和海岸山脉的峡谷有关。它们存在于安第斯山脉海拔为2000~8000英尺（约610~2440米）的地方。

在智利南部和阿根廷西南部即南纬37°和南纬40°的海岸山脉，落叶假山毛榉林和假山毛榉林混杂在一起。在中部山谷，这种森林类型位于南纬38°~南纬41.31°。在安第斯山脉，这种森林类型位于南纬36°~南纬40.3°。在智利中部越过地中海地区，这里没有夏季的干旱，树木已经适应了常见降水过程。降水量随着纬度的增加而增加。地形降水发生在海岸山脉和安第斯山脉的迎风坡，因为从太平洋吹来的西部气团使空气无法承受潮湿而带来降水。所以，迎风坡的年降水量为120~200英寸（约3000~5000毫米）（见图3.17）。

这些地区受海洋和纬度的影响气候温和。在森林低地和排水良好的土壤中，美国西部白橡树是主要树种。它的高度可达到130英尺（约40米），

图3.17　智利南部山毛榉林　（巴西贝南博古大学提供）

直径可以超过6英尺（约2米）。这种树木呈淡红色，能够抵御腐烂并与加利福尼亚北部红杉、美国栗树较为相似。这种树木的抗腐烂性使它成为人们一直寻求的栅栏制作、户外镶板、甲板、裸露房梁等的重要原材料。美国白橡树和美国栗树在另一方面也非常相似：它被砍伐后的再生能力很强。美国白橡树通常与南方很有商机的落叶山毛榉一起生长。南部常青山毛榉通常和美国白橡树和假山毛榉一同生长。在这个生物群落的南部高大山毛榉之下的森林次冠层叶簇中，有一些小常青树，如桂树、心叶船形果树、鳞枝木、智利榛树、温特树，欧洲殖民者到来之前生活在这些森林地带的印度安人所拥有的冬季开花的圣树。灌木层的主要树木是竹子。在这个林区的最高处，南部山毛榉和其他冈得瓦纳树相混杂，例如常青针叶智利南美杉，这些树木达到海拔上升的最高极限，然后让步于古老常青针叶林。

在南美火地岛，凉爽温带假山毛榉林地位于南纬37°30′与南纬55°之间。

在山地的低海拔地区，常青南部山毛榉是主要树种。在高海拔地区，假矮山毛榉是主要树种。后者是在中纬度地区相对小型的树木，它的高度为30~50英尺（约10~15米）。南极假水青冈木构成了高度为6~10英尺（约2~3米）的高山矮曲林。

人类的影响

在温带落叶阔叶林带的所有区域，我们都能感受到人类的影响。这种影响在不同的发展阶段所产生的结果有所不同，但是这个生物群落的森林因成为不同地理区域的农业发展中心而有所改变。在过去的几千年中，在东亚和欧洲的温带落叶林带已遭受了大面积的森林砍伐并成为食品生产的农田。在北美东部，砍伐落叶阔叶林开垦农田的活动仍在进行。林地被完全采伐而转变为农田，这些森林用来放牧，作为家养动物的饲料（例如猪），树木作为建筑材料的用途一直在持续。此外，选择一些合适的树木而放弃另外一些不好的树木进行重新播种也有着重要的影响。在中国和欧洲存在的那些低地森林已经被转化为其他的土地使用。在东亚，剩余的森林被保护在中国、日本和韩国的山脉中。在日本和韩国，有一些残留的大型树种仍旧存活着。在北美，几乎温带落叶阔叶林带所有地区的树木都是仅次于顶极树木的树种。许多树木在之前由于土壤过度的腐蚀、山坡的险峻、空白作物生长等在休耕的土地上重新生长。只有在以前不太适合耕种和放牧的自然林地中存在着当今顶极森林的某一部分。这些地方的土壤因为地势太陡峭或贫瘠而不能作为在农业上的使用。

欧洲森林的改变起始于至少5000年以前，由于森林被砍伐和燃烧使其变为农田。在青铜器时代，由于火灾和放牧，欧洲某些地区的森林被石楠灌木丛和沼泽所代替。那时广阔、永久的农业拓居地已经在欧洲的大部分地区形成，尤其是在温带和暖温带地区。在技术和庄稼产量增加方面的农业发展使得在罗马帝国出现之前，人口就有了迅速的增长。罗马时代拓居地大量扩张，从而导致了森林大量被砍伐。随着人口的增加，对农业产品的需求使得被砍伐的森林重新被用作农业耕地。在13~15世纪的中欧，黑死病造成了人口的大量死亡和农田的大量破坏。三十年战争（1618—1648）又使人口大量下降，农田被废弃。农民们过多地使用林地作为牛、羊和马的放牧场，使剩余林地的开拓地一直在进行。使用林地作为放牧的行为必然会改变森林次冠层叶簇的组成和结构。此外，人们特意保护这些被认为是有益的树种并且加以繁殖。那时候，欧洲的整个地区的橡树和山毛榉树被保护起来，因为人们能在冬天生存下来的原因是可食用猪肉，而猪又以橡树果实和山毛榉果实为食物。橡树木材可以用来建造房子，也可以作为栏杆、柴火和木炭的材料。橡树树皮也是制作棕色兽皮过程中所需要的材料。直到最近，多数的欧洲农民才开始在马路旁和小巷边种植橡树来确保对橡树材料的需求。农民也利用一些阔叶的树木作为他们家畜的补充饲料。这个过程自然而然地有利于某些树木的生长和其他树木的废弃。这些树木会从残留的树根和树干部分重新生长，例如橡树、菩提树、白蜡树、角树和榛树，从而存活下来（例如，矮林采伐）（见图3.18）。

其他的树木，如山毛榉，没有利用残留的树根和树干重新生长，这种做法将它们从大面积的土地上移除。另一个对林地的重要影响和土地的占有有关。国家的贵族阶层和教堂控制了他们所拥有的林地。农民在收集木材，收获临时木材和进行一些小的狩猎游戏活动时，这些都是要被收取费用的。大的狩猎活动只能是为土地拥有者保留的。土地拥有者也将决定哪些树木是有益处的并适合重新造林（见图3.16）。这种决定是由土地拥有者的狩猎需求和栖息地环境所造成的。在中世纪，由于土地

图3.18　矮林砍伐后生长出的橡树新芽　（伯纳德·库恩尼克提供）

的过度使用，有限的森林资源使开阔地和公共用地的面积增加。树木从公共用地中被移除，使这个地方转变为树木贫瘠的稀少区域。在过去的几千年中，整个欧洲对森林的影响非常严重，现在这个生物群落中，相对来说未被改变的林地是位于波兰东部的比亚沃维耶扎国家公园。在欧洲可能被归为另一个自然林地的是在德国中东部的萨克森国家公园。

在欧洲，再造林作为历史可以追溯到14～15世纪，起初是作为贵族们的狩猎区。欧洲的某些地区，在被砍伐和废弃的林地上开始重新种植商业用林始于18世纪末。进行再造林不仅仅是为了树木生长和提供森林狩猎区，也是为了能生产出其他木制产品（见图3.16）。例如，在德国，由于拿破仑战争阻止了树皮鞣树从荷兰引进，因此橡树就在这里被种植。18世纪末、19世纪初兴起了横跨欧洲的林区重建。农业生产在某种程度上造成了森林树木作为饲料需求的降低，例如，白土豆被从美国安第斯山脉引入，并且广泛地被用来作为牲畜的冬季储存食物。这样，动物就不需要树枝和幼树苗作为食物了。与此同时，由于羊毛产品从欧洲中部和东部运往爱尔兰和澳大利亚，以前作为大型林地存在的羊群放牧区也迅速下降，这是一个农业改革和过渡的时期。三区轮作制，农作物的多样性和在农田中应用肥料，这一切都使庄稼产量有所上升，这样就减少了农业用地需求，即使欧洲的人口有所扩增。无产量的农田被废弃后，树苗和树种在这里被重新播种（如图3.19）。该图显示的德国哈茨山脉古老山毛榉林的生长。

在工业革命之前，森林的主要用途是生产木炭。工业制造煤造成了煤炭作为主要燃料的需求急剧下降。工业上制造混凝土和钢铁来代替木材作为建筑材料。这些导致对森林需求的减少，使再造林被作为开放土地的一项经济举措。在19世纪初，种植的大多数树木并不是落叶阔叶林，而是生长快速、被迅速作为建筑材料，尤其是作为屋顶建筑材料的云杉、松树和落叶松。

自从欧洲殖民者到达美洲后，人类对北美东部的影响一直在持续。50多年前，森林的官方管理机构推测很难发现原生林，因为人类的活动已经大大改变了森林的构成。在3000年前，北美东部的温带落叶阔叶林带被当地人所占据。考古学家对这些人的记载显示，他们除了种植庄稼外，还进行了狩猎和从森林中获得食物的活动。

图3.19 德国哈茨山脉重新种植的山毛榉林 （L.苏·波利提供）

他们经常把火当作一种采伐森林的工具，并且在土地上种植玉米、南瓜和豆类。此外，美国的印第安人把火作为一种驱逐猎人的游戏方式。在拓居地，火也被用作一种清除灌木和控制植被的方式，并创建了一些防御性的空地来抵御那些对他们不友好的部落。在400年前，早期的殖民者记载了印第安人有意识地使用火来控制植被的情况。这些记载表明，没有灌木和幼树苗的森林已经为公共马车提供了空间。英国和其他欧洲殖民者的到来，预示着北美耕种农业的发展。新农作物和家畜被引入，例如小麦、燕麦，猪、羊和牛。新的殖民者通过砍伐森林迅速地将这片土地"欧洲化"，通过建立拓居地，他们创建了不同耕地、牧场和林地的镶嵌形式（在土壤贫瘠和陡峭的山坡）。他们砍伐树木是为了获取建筑材料，制作防御栅栏，用草碱制作肥皂和羊毛洗涤制品，制作炭来溶化铁和加工矿石来获取铅，用树皮来鞣制皮革。随着人们在这个地区的活动，牛和羊在宽阔的牧场上被放牧。猪在林地上生存，并以栗子、橡树果实和山胡桃木果实为食物。土地经过几年的集约利用和不施化肥，耕地和牧场被闲置，又转变为森林。后来，这样的林地又一次被砍伐，被用作耕地和牧场。19世纪后半期，公路的扩建使伐木工人能够进入以前的偏远山区，并给他们提供了便捷的交通，使他们能够砍伐更多的树木并将它们运到拓居地的市场。在20世纪80年代，钢铁行业进

野猪

野猪生长在温带、亚热带，欧亚大陆的一些热带地区以及整个非洲北部。它作为一种用于猎捕的动物被引入美洲、新西兰和澳大利亚。它的同伴——家猪也被引入了以前猪保持着自由群的新世界中。一些家猪摆脱了人类的控制成为野生猪，然后这些野生猪和引入的猪进行了交配。在干燥的沙漠地区和高山地区没有野猪的存在。

野猪是杂食性哺乳动物，几乎吃任何东西：农作物、坚果、浆果、小动物、腐肉、苗木、种子和山毛榉坚果等等。在过去的20年里，欧洲中部的野猪种群大量增长，一部分是因为狩猎压力的减少，同时也因为原开放领域的造林，这使它们扩大了栖息地。野猪对于新植森林具有破坏性，因为它们挖食并且通过拱土搜寻昆虫幼虫而摧毁了森林。它们可以通过大量的消耗来阻止由坚果、橡子、种子发生的天然更新。在农业领域，野猪尤其能损害田间作物（土豆、甜菜、玉米等等）。在这种农业环境中它们被猎杀并被赶回森林。

入山谷和山脊地形区域，对煤炭的需求也有所增长。而煤矿的建造需要更多的支撑矿井的坑木，因此在北美东部，除了那些不可进入和没有经过农业耕作的森林，其余的森林都被砍伐了。

欧洲殖民者在美洲定居时，北美东部森林地带动物生活的构成已经发生了巨大的变化。新拓居者的文化价值观要求狼和美洲狮要在这个地区被根除。像美洲赤鹿和美洲野牛那样的食草动物被看作一种方便的肉的来源。大型食草动物的数量急剧下降，因为它们只能在边远地区和北部的北方针叶林带附近存在。加利福尼亚鹦鹉和北美候鸽被认为是令人讨厌的、对农业有害的动物，对前者的根除和对后者的过度猎杀使它们在19世纪已经消失。后来有一些物种被引入这个地方，如野猪。同时，还有更具有危害性的物种也被引入这个环境中。

北美东部的森林看上去分布广泛。大多数树种非常年轻（60～100年），而这片现代化的森林是许多因素形成的结果。如某一时间农场的废弃，美国西部肥沃的土地，农业技术的机械化，过度土壤腐蚀和陡峭的山坡，20世纪30年代的经济大萧条。美国栗树曾经是东部森林里最大的树，并且是一些林区中的主要树种。

土壤被富有保护性的森林覆盖后，山区森林的转化总是会带来具有毁灭性的洪水的危险。为了减少由于早在20世纪山区流域森林覆盖的消除而导致的洪水过度的发生，具有某种形式的森林恢复和随后的管理意识是必要的。这种意识体现在1911年通过的法案上，它建立了许多我们现今的国家森林体系，10个新成立的国家森林区位于北美东部的阿巴拉契亚高原中的落叶林里。

人类对北美东部森林的影响仍在持续，无论是这些地区的自然新生林还是人造新生林。东部森林现在正处于空气污染、外来昆虫、外来野生动物和各种各样的外来疾病的影响之中，几乎所有位于北美东部温带落叶阔叶林带树木的树冠和枝叶都显露出了损伤。叶片的过早脱落很常见，而且生长变得迟缓；在一些林地中，根部明显腐烂，森林树木的死亡率大幅度上升。这种情况始于20世纪60年代初，在20世纪80年代加剧，当时许多林地里的白橡树、山毛榉、黄花七叶树、郁金香、山茱萸、檫树、山核桃、核桃、白椴木、铁杉和糖槭树都表现出减少的迹象。北美东部的森林主要位于美国制造带的顺风区域内，在过去的几十年里，许多新的工厂建立在这一地区。燃煤发电厂坐落于东海岸大都市周围的森林中，这是一个沿大西洋海岸从弗吉尼亚海滩到缅因州波特兰的人口稠密的都市区。由工厂、车辆和居住区取暖设备所排放的酸性气体（尤其是二氧化硫）和潮气相混合的时候，就形成了酸性物质。因此，在雨、雾、霜状冰和雪中的酸性物质沉积会直接对树叶造成破坏。空气污染的其他影响是过多的氮气和硫会改变土壤中的化学物质，从而提高了土壤层的酸性，降低了对树木根系中营养循环比较重要的细菌腐烂过程。土壤中酸性的增加会提高铝的含量，这对森林植被是非常有害的，汽车尾气的排放也会造成地面臭氧层含量的增加，这对树木也有一定的影响。树木在这样的环境中生长比在正常情况下更易遭受疾病袭击。当树冠层的树木枯死后，更多的阳光能穿透树冠层，森林地表能变得温暖，并使森林枯叶层变得干燥，这样使需要森林枯叶层潮气的蝾螈和青蛙很难生存。森林枯枝层的干燥环境对于树冠层树种的再生非常不利，树的缓慢生长导致开花结果速度减慢，这样就影响了需要橡树和坚果果实的动物的数量。在北美东部的森林中，游客也极易遭受疾病和昆虫的袭击。糖槭中汁液条纹病是由真菌引起的，铁杉球蚜造成了铁杉叶子的枯萎，山毛榉树皮病是由于山毛榉的树皮受到真菌和虫的侵入，炭疽是一种破坏性的真菌，它正侵蚀着森林东部的山茱萸。在过去的十几年中，舞毒蛾的幼虫在橡树、山胡桃木和其他树木的落叶层中比较活跃，这就造成了被它侵扰的树木的枯萎和死亡。毒蛾稳步地扩张着它的领地，尤其是在交通沿线，所以我们称其为"舞动·流浪"。在北美东部对温带落叶阔叶林带产生直接影响的是城市的扩张，森林地居住区的发展，林地中交通路线的发展，管道的建造和在森林中铺设电线，不断地砍伐森林来获得木材和纸浆用木材。此外，我们越来越清楚地意识到全球变暖的趋势所引起的持续天气变化问题，变暖现象会使北部的山毛榉迁徙到针叶林带的南部地区。

在过去的100年中，南美的温带落叶阔叶林带遭受到人类的影响。最初的影响和树木的砍伐有关，人们要把森林变为具有农业用途的土地。美国西部白橡树和假山毛榉的木材价值已经被意识到，因此，它们就被用来当作造船业的木材和生产木炭。尽管这个时期持续的时间不长，但是这种影响在这个生物群落中的表现方式不同，南美的许多温带落叶阔叶林中的原生林已经消失，人们重新种植那些被称作钱币松的非本土植物，并要把非本土的树木应用于在森林再造林方面，同时，这些地区的商业用林也在逐步增加。

第四章
地中海林地和灌木生物群落

　　地中海气候类型地理区域具有独特的林地和灌木植被。在这种气候条件下，夏季干燥，冬季温暖潮湿。这是一种降水集中在相对温和的冬季的气候模式，年平均降水量为10~40英寸（约25~100厘米）。除了高海拔地区，寒冷、持久的冰冻气温和降雪在这种气候中都很少见。通常来说，这种气候分布在大陆的西部或西南部海岸，北半球北纬31°~北纬46°，南半球南纬28°~南纬42°。地中海林地和灌木生物群落得名于它所覆盖的最大的区域：地中海流域。这个生物群落出现在六个大洲中的五个不同

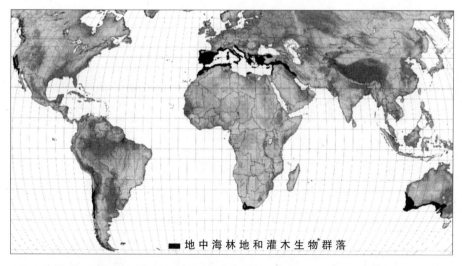

■地中海林地和灌木生物群落

图4.1　地中海林地和灌木生物群落的世界分布　（伯纳德·库恩尼克提供）

的区域:欧洲地中海周围、亚洲西南部、非洲西北部、加利福尼亚西南部、智利中西部、南非共和国西开普敦省和澳大利亚的西南部和南部(见图4.1)。

地中海流域的林地和灌木生物群落的地理位置是西方科学家首次建立的。在公元前三四世纪,早期希腊的自然学家泰奥弗拉斯托斯和被人们熟知的亚里士多德曾经观察并记录了地中海流域的自然产物。在这些早期记录的观察中,我们拥有了植被构成的知识,也有了关于人类在这一地区活动的因果关系的描述。当欧洲人开始征服地中海其他地区、北美洲和南美洲、南非和澳大利亚时,他们对知识的探求已经足够先进,并在早期探险家中,出现了自然科学家。从中我们得到了主要冒险经历的描述,连同相对完整的对当地动植物的详细记载。大量的关于现在被认为是趋同进化的科学研究,最初是在地中海五大气候区域中结构上相似的植物中受到的启发。这个假设认为,许多在相似环境中被发现的,大量不同种类的祖先的物种久而久之都会进化,以至于它们看起来、行动起来都近乎相同,并且已经适应了相似的环境。这类生物引发了现代生态学和生物学研究的巨大关注。

地中海生物群落概貌

地中海地区的灌木显现了对干旱、土壤贫瘠、火灾的适应性,生长的阔叶植物都有坚硬的、类似皮革的典型常绿树叶。例如橡树和石楠(见图4.2)。

最初来自自然和人类的困扰,对地理区域的所有生物的发展都有极大的影响,也许最大的影响是频繁地燃烧和放牧。燃烧通常是由干旱夏季的雷击引起的。尽管有如此的变化和长期的影响,地中海生态系统是世界上20%的植物物种的发源地,在这里,我们发现了许多地方性的物种和属类,最初都来源于这个生物群落不同的地理区域。这个生物群落

图4.2　南非地中海生物群落的石楠植物　（苏珊·L.伍德沃德提供）

中的许多生物直到现在才被发现。这样的排他性确实是地中海灌木在它所有的地理表述中的一个标志性用语，尤其是在南非的西开普敦省。正是由于这种独特性，使得地中海林地和灌木生物群落的五大区域被列为世界25个具备生物多样性和濒危植物的热点地区,拥有相当多数量的在地球上其他地方所没有的物种。与此同时，热点地区的生物多样性的环境保护正受到人类活动的严重威胁。

在这个生物群落中的大部分地区，有一个特点就是至少有两种相异的灌木地是相邻的，最典型的是沿海灌木地和内陆灌木地。山脉和主要风向都能引起山岳效应（例如，降水在迎风面增多），海拔较高地区的年降水量为灌木转化成林地和森林提供了足够的水分。随着纬度的上升，降水总量和雨季的长度也会呈上升趋势。因此，在高纬度和高海拔

地中海灌木植被的当地名称

地中海灌木植被的每个地区都位于世界的不同语言地区。后来，许多植被类型的本地名字开始出现。在这些名字中，我们发现了加利福尼亚丛林和沿海香草这些术语。在智利，植被类型被称作常绿有刺灌木丛和多刺旱生林。在西班牙，被称为托米里亚尔群落（西班牙百里香群落）。然而，在法国普遍称它为短灌木丛林带，尽管地中海常绿矮灌木丛也在局部地区使用。意大利人把它称为马基群落（macchia）。随着以前荷兰的殖民地开拓者和移民地区术语学的发源，在南非则称为高山硬叶灌木和沿海灌木丛。在澳大利亚被称作石楠灌木和小桉树，是土著居民的通称。

地区，灌木能够转化成林地和森林，即使在森林和林地存在的地方，夏季干燥时期仍然存在。因此，科学家将这些森林分为林地，作为地中海林地和灌木生物群落的不可缺少的一部分。当林地和森林中的树不能适应地中海地区灌木所具备的干旱气候时，大多数科学家认为那些森林应该从这个生态群落中被移除。在本章我们将讲述由于高降雨量所形成的森林和林地，但是描述还不是特别全面。

在北非、中东、北美和南美，这个生物群落的地表地质年龄非常年轻。这些地区都经历过最近的造山运动。这些山脉高低起伏，提供了各种各样的小环境，大多以太阳暴晒、高度、床岩类型为基础的。地形上的变化，造成了整个地理区域植被类型的复杂、环境的差异。在南非和澳大利亚大生物群落分布地区，地质特点上有显著的不同。这个生物群落位于当地地势起伏不大、古老大陆的岩石层上的稳定地质表面。最近造山运动过程的缺乏，加上这些地区与其他有亚热带植被的地质地区相隔离，使这个生物群落既有普遍大量的物种，也有地方性物种的出现。

气候环境

地中海气候——在寇本气候分类中为Cs（见图1.1）——这在全球气候类型中是独一无二的。它的气候特点是全年为雨季，并且冬季凉爽（见图4.3），夏天干燥。每年降雨（雪）总量在15~40英寸（约380毫米~1000毫米），并随着地形、天气的暴晒程度等因素的变化而变化。海拔和盛行风的方向对于降雨（雪）量也有着重要的影响。随着海拔高度的增加，一般来说每3300英尺气温下降2.8℉（每1000米下降约1.5℃），温度的降低意味着空气中水分的容量的降低。充足的降雨量将地中海气候归为潮湿类型的气候。然而，不寻常的干季一部分是在生长季，这就在每年的几个月中给动植物的生长造成了极大的影响。这种影响和在沙漠地区动植物所经历过的生活很相似。

地中海气候类型的特点为夏天炎热（除非在高纬度地区有所缓解），冬天凉爽的亚热带的气候模式。通常冰冻的天气是非常少见的。邻近海洋会对所有这个气候类型发生的区域有重要的影响。在冬季，海洋通常能够阻挡冰冷的气流，使这里比大陆更温暖。在夏季，寒冷的海洋气流的流动所产生的雾对近岸地区有适当的影响，使其不可能产生极高的温度。每年的降雨（雪）总量和气候类型的结合，形成在有限的、可预测的时间段中有足够的土壤水分和充分的适宜植物生长的温度。部分植物和动物必须适应这样的环境，在这样的气候条件下经受季节的变换，从而在地中海林地和灌木生物群落中生存。

土壤条件

在不同大陆上，地中海林地和灌木生物群落的土壤作为初始物质在

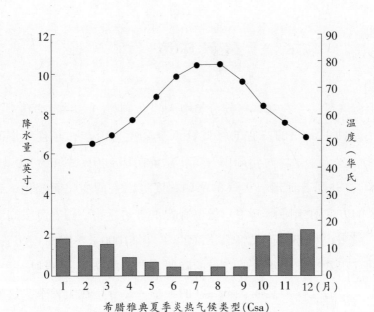

希腊雅典夏季炎热气候类型(Csa)

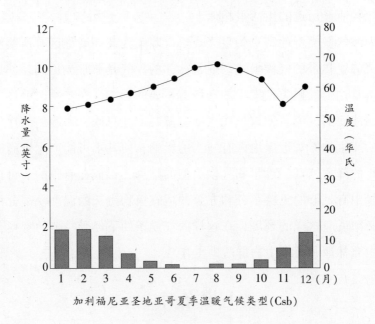

加利福尼亚圣地亚哥夏季温暖气候类型(Csb)

图4.3 雅典夏季炎热气候类型图(Csa)和圣地亚哥夏季温暖气候类型图(Csb) (杰夫·迪克逊提供)

不同种地质结构中生长。地中海气候中土壤类型多种多样。淋溶土的子群–干热淋溶土–与地中海气候为特点的地区紧密相连，这些土壤肥沃，作为农耕区域被精耕细作。然而，干热淋溶土是一个例外。在这个生态区中，大部分的土壤类型缺乏滋养植物的氧气和磷光体，但含有丰富的钙、铁、钠和镁。这个生态区中多山的斜坡上的土壤非常浅薄，这或许是长时间人们使用和土壤侵蚀的结果，许多地方显现出以小河和峡谷为形式的森林渗透现象。这些土壤排水性能良好，也许是由于它们太紧凑或者太坚硬以至于不能容纳水的渗透。在这个地区所发现的最肥沃的土壤是红色石灰土（红土）。红色石灰土是一种有细密纹理的红色材料，它不是一种带状的土壤，因此它不能反映地区气候的条件。然而，红色材料含有丰富的铁和钙，并且通常在有石灰岩的地方作为床岩被发现。在土壤科学家的研究中，关于红壤起源有不同的观点。一些科学家认为是地质历史时期的某一段时间，当床岩被暴露在一种炎热的热带气候和较高的湿度下时形成的，红壤来源于石灰岩；其他人认为红壤是由于风沙运动和沉淀的结果，红壤材料起源于地中海地区的外部，由盛行风吹到它们现在的位置。撒哈拉沙漠的粉尘风暴向北方向吹可以支持上述观点。它们储存非常好的淤泥样的物质一直蔓延至意大利阿尔卑斯山以北，这些红色的淤泥能使雪变色。

植 物 状 况

在这个生态群落的大部分地质地区，自然植被包括常绿灌木，我们不能说灌木丛是地中海气候地区的唯一植物。人们长期居住在这里，这导致了人们对这些土地高强度的使用。许多科学家坚定地认为，在人类居住之前，尤其是农业方法被引进之前，林地和大草原曾经覆盖了大多数地中海气候的地区。耕作和居住在很大程度上改变了这片土地，植物不得不从时常发生的焚烧中死里逃生，还要逃脱一些地区放牧吃草的家畜。由人们的行为引起的改变有助于现存灌木的生长，它们不仅禁得起每年夏季的干旱，而且能够适应贫瘠和缺乏营养的土壤。

地中海生态群落的植物似乎适应了它们所在地区的气候模式。大部分树木都有粗糙、常绿的硬叶来抵抗干燥。科学家认为这种特质能够适应短期生长季节和漫长干旱的夏季。植物在全年保留叶子的基础上，在每个短暂的生长季节不会错过宝贵的时间生长出新的叶子。这种情况是其生长的优势，在每年夏季干旱季节，相同的植物也会拥有在干燥条件下保持叶子的方法。叶子需要被保护以免干枯，遍布地中海生物群落中的常绿植物所拥有的一些适应方法，就是以减少蒸发量来阻止干燥。例如，它们用像蜡一样的表皮和具有代表性的深度下陷的小孔来生长非常坚硬的叶子（也就是说，通过气孔植物的叶子组织交换气体，例如水蒸气和大气中的二氧化碳）。此外，一些植物的叶子已经长成笔直或者垂直方向，以减少太阳光对于直接暴露的叶子组织的损坏。其他的植物通过长出特别的表面颜色来降低蒸发率和叶子表面的温度，例如一种反射银的颜色或者长出毛茸茸的叶子，或者两种特点都具备。

一些阔叶植物对高温和干旱的适应表现为它的针状的叶子，并以此来减少叶子表面水分的散失，而其他植物要通过成为"干旱二态"这种模式来适应。在这种情况下，植物具有两种形态的叶子。在冬天到春天生长季节来临的时候，它们有着更大、更软的叶子；随着在春末夏初时更干燥天气的到来，为了度过夏季干旱的时期，这些叶子就会被更小、更硬的叶子所取代。而另一些植物则属于"干旱落叶"，这意味着这些植物会在干旱的夏季月份里脱落它们的叶子。

地中海灌木通常都有长长的主根，用来获得那些储存在地表附近的根系中的水，这些水来自渗入泥土中的降水。许多在这个生物群落中的草本植物都拥有贮水组织，例如鳞茎和块茎或者是多汁的叶子和茎，这使得它们能够在干旱季节存活。许多生长在地中海林地和灌木生物群落中的植物，一年生植物和只能生存一天的植物，在一个生长季节里开始并完成了它们的生命周期。它们对于干旱的适应性表现在它们作为种子被保护在森林枯枝落叶层之下或上层土中。

在地中海生物群落中，许多植物和真菌之间的共生关系使植物的生长成为可能。土壤条件以在根区的低营养含量为特点，真菌根部生长能帮助植物获得缺少的养分——也就是说，真菌长时间的生长，它的细纤丝进入土壤提取出植物生长必需的矿物质，而这正是植物的根系所不能获得的。真菌能够把这些矿物质转换成植物能使用的氮磷钾化合物，它们为了能获得植物在光合作用中产生的碳化物，而使这些化合物与植物的根系进行交换，植物和真菌化合物交换的联系被称为菌根。真菌通常被称为菌根真菌。植物与真菌的联系不只存在于地中海灌木生物群落中，这样的关联普遍存在于所有生物群落当中。在地中海灌木生物群落中，许多物种的生存都依赖于这种联系。类似的过程在澳大利亚和非洲的山龙眼家族（山龙眼科）的物种中有所表现，山龙眼生长良好，在雨季的开始，就会在地表的附近长出棉花状的根丝，这使得它们能够在下雨的时候，汲取腐朽的森林凋落物中的营养，在几个月后，这些根丝将会枯萎和死去。一些禾本植物、莎草和帚灯草科（在帚灯草科家族中像芦苇一样的植物）拥有类似的结构，使得它们能够获得那些不能从根系处获得的营养。

在世界上具有地中海气候类型的区域里，火灾是一种常见事故，夏季的干旱时期使生物和枯叶干燥，这里也通常是闪电的高发地区，那些被人类长时间占据的地区，遭受了人类出于多种原因而燃放的火灾。因此，在地中海林地和灌木生物群落里，在自然界和以人类为主的干扰期间，火灾扮演了一个重要角色。火灾消除了那些无法适应频繁或定期燃烧的植物，某些植物已经进化形成一些能在火灾中生存的方式，例如一种特别厚的树皮起到了绝缘毯的保护作用，以此来对抗突发的地面火灾，一些植物甚至需要燃烧才能够再生。燃烧可能会摧毁一些植物的表面组织，但许多地中海灌木通常被称为"植物发芽装置"，因为它们有足够的能力从根冠发芽，并且在这些植物的主干处有增厚木本结构。一个例子是蔷薇属灌木，它是南加利福尼亚丛林的特有灌木，它们的种子通常有能力在森林枯叶层或者在泥土的顶层存活许多年，甚至数十年，直到火灾发生，火灾中的热量会刺激这些种子发芽。在北半球区域的生物群落中的例子是闭锥松树，加利福尼亚特有的蒙特雷松树，球果在它们的分支上保持紧闭直到火灾发生，球果在被热量刺激后打开，种子被释放。火灾在地面上留下了一层新的灰烬，使被释放的种子找到肥沃的泥土生根发芽。这种相似的过程常见于在南半球区域的澳大利亚和南美的生物群落中的一些当地植物。

在地表下更新发芽多年生植物被称为地下芽植物，它们在地中海林地和灌木生物群落中特别丰富，并且多种多样。泥土在地表基本绝缘了火灾的热量来保护鳞茎、球茎或者块根茎，使它们在火灾中能够存活。地下茎植物通常在火灾后的第二年春天，在火烧过后的有营养的地方长出多彩的野花。典型的例子是在加利福尼亚的卜若地属植物和蝴蝶百合。

在这个生物群落中的许多植物具有特有的芳香。地中海盆地地区是香水和厨房用香草的发源地，例如牛至、香草、百里香和薰衣草。这些植物在它们的叶子里有芳香精油，这对它们的生存能提供各种不同的帮助。芳香精油对食草动物来说会使叶子味道变得难吃，捕食减少有利于植物在再生时期的存活。另一方面，芳香精油也有助于植物的燃烧，提高了火灾发生的速度和强度。另有证据表明，这些芳香精油能够在太阳辐射强烈的酷暑时期帮助植物更好地生存，这些精油的局部蒸发填充了气孔，因此减少了叶毛孔发生的水分蒸发情况。

动物的生活

　　居住在地中海林地和灌木生物群落的动物生活与地中海地区的动物有所不同。许多动物能够适应干旱和燥热，大多数动物有相对较高的迁移率。在日常情况下，许多动物能够寻找自由水源，饮用泉水或者溪水。在白天，它们可以躲到比较阴凉的阴暗处或者藏到地下洞穴来躲避高温。一些地中海地区的动物能够抵御干旱季节和高温，这与我们在沙漠地区偶遇的动物有些相似。有些动物只在夏季干旱季节进入麻木或休眠（夏眠）的状态，其他动物在夏季气温较低时，利用其流动性和季节性迁移到较高的海拔或纬度地区。地中海地区的一些动物依靠它们在食物中汲取的水而生存，因此这些动物不需要饮用水，只要它们有充足的食物就可以生存。

　　从地理位置来看，地中海地区被海洋、山峰和沙漠所隔离，它们的每个部分都是孤立的。这种地理位置促成了许多动物和植物的演化。

地中海林地和灌木生物群落的主要区域

地中海盆地

　　地中海矮灌木丛林带和地中海常绿矮灌木丛林带是我们在地中海发现的两种主要灌木丛植被的类型（见图4.1）。地中海盆地是这个生物群落中的最大区域，其地理范围是其他四个区域总面积的三倍。作为一个典型的区域与其他区域的生物群落相比较，地中海地区的灌木丛植被被分裂为许多不同的部分，它的每一部分被山脉及地中海的主体部分和沿着亚平宁山脉以及巴尔干半岛的延伸部分所分离。在欧洲，地中海矮灌木丛林带和地中海常绿矮灌木丛林带通常在海拔3300英尺（约1000米）以下被发现。在伊比利亚半岛、法国东南部、亚平宁半岛（意大利）、巴尔干半岛以及从巴利阿里群岛西部到塞浦路斯东部的地中海半岛均分布着这些植被。在地中海东海岸和西南亚，地中海灌木丛在土耳其、叙利亚、黎巴嫩、以色列、约旦西部也有生长。在南非的南部海岸，这种生物群落在马格里布地区被偶然发现，它坐落于（由西至东）摩洛哥和阿尔及利亚的南部以及突尼斯的西北部。贯穿这个地区有许多种群、群落和亚种，它们仅是这个地区的一小部分，而在地中海盆地中心附近的巴尔干半岛上，物种的数量最为丰富。

高大的灌木和不同高度树冠的矮树构成了地中海矮灌木丛林带植被（见图4.4）。长有坚硬叶子的常绿树木，包括圣栎、大红栎、草莓树、角豆树、乳香树或乳香黄连木，以及野生油橄榄木、针叶杜松和地中海白松广泛散布在这里。在高灌木中，有几种岩玫瑰和夹竹桃，一般达到12~20英尺（约4~6米），这些灌木形成了一个比较密集的常绿森林。

地中海矮灌木丛林带拥有许多球茎状植物、季生植物，它们可能是与在这个地区存在五千多年的农业和田地相关。这些农耕和屯田放牧的行为造成了相对短暂的空地补丁，生命短暂的植物的生长要利用这些空地。由于被风吹来的种子较轻，这样它们能迅速而轻易地入侵土壤，尤其是当人类活动的强度变缓的时候，这些种子通常只在全日照下发芽，

250英尺
（约76米）

图4.4　植被剖面图:地中海盆地的短灌木丛林带　（杰夫·迪克逊提供）

植物的成长也需要长时间暴露在阳光下，由于不能适应阴暗，一旦木质成熟的植物遮蔽这样的空地或开阔地带，一年生植物和生命短暂的植物被迫分散到其他地方或开阔地带才能够存活下来。在这一过程中，它们不断入侵开阔地域。当我们偶然发现植物移植遍布世界的各种环境中，它们已成了茂盛的杂草。

地中海盆地的第二种常见灌木类型是地中海常绿矮灌木丛。它是由典型的比地中海矮灌木丛林带地区更热、更干燥的低矮灌木组成的。地中海常绿矮灌木丛区由坚硬的石灰岩基层组成，石灰岩上的土壤相对干一些，因为这些基层具有高度的多孔性。地中海常绿矮灌木丛中的低矮灌木是典型的多刺的或芳香的。芳香灌木丛的大部分是薄荷家族的成员，如薰衣草、百里香、迷迭香和香草。干旱落叶性的灌木非常普遍，在这个生物群落中，有很多天然陆生兰花存在，也有许多郁金香、鸢尾属植物、水仙、番红花和仙客来等物种。在希腊，这些低矮的灌木植物通常被称为佛力干那群落，在以色列，它被称作巴萨。在大部分地区，科学家认为地中海常绿矮灌木丛会变成地中海矮灌木丛林带的一种退化形式。人们滥用陆地导致了植物群体的退化。

动物和植物一样，要适应人类的改变和影响。许多大型的哺乳动物居住在这个地区，有些只在偏远的地区存活，包括欧洲淡黄色鹿、欧亚小鹿、欧洲野猪和阿尔卑斯野山羊，天然食肉动物包括西班牙山猫和狼，这两种动物只在偏远地区存在，在今天受到了保护。生物群落中大型的灵长类哺乳动物——巴巴利猕猴，它在西班牙南部（在直布罗陀被特别保护）和北非被发现。小型的哺乳动物中有许多是食虫类，像刺猬、鼩鼱和鼹鼠。特有啮齿动物包括野鼠和多刺鼠。世界上最小的哺乳动物——小臭鼩，是这个地区所特有的物种，重量只有0.05～0.08盎司（约1.4～2.3克），非常袖珍。

在地中海盆地的动物与其说是两栖动物，不如说是爬行类动物。爬行类动物通过它们的天性适应了这个区域的干旱，多种蜥蜴、乌龟、蛇和两种变色龙都生存在这个地区。

留鸟在整个生物群落分布广泛，不像其他的动物和植物那样有地方性。然而很多鸟已经分化成亚种，例如蓝山雀和欧洲松鸡。地中海和陆地沿海岸线为大量迁徙鸟准备了中途停留地，特别是生活在欧洲中北部、中部和欧洲东北部的鸟类。据科学家推测有230~250种欧亚的物种（画眉、鸫鹟、金冠鸫鹟等）在地中海盆地之外的地方度过它们的繁殖期，又在非繁殖季节返回，这导致了在地中海盆地的冬天，鸟的种类和数量要明显比夏天多。另有一些鸟类，在每年的迁徙中都把亚欧繁殖地和它们在撒哈拉以南的越冬区域之间的地中海盆地作为每年两次迁徙的中途停留地，在春天和秋天经过地中海的鸟类的总量据估计可达到50亿只。猛禽的繁殖季节与其他鸟的迁徙季节相适应。艾里奥诺拉猎鹰的巢筑在沿地中海海岸线的悬崖上，并且在夏末和初秋很短的时间段内繁殖。

北美西部

北美的地中海气候类型以及地中海林地和灌木生物群落，位于从旧金山（北纬37°45′）到墨西哥和加利福尼亚州半岛北部（北纬31°）（见图4.1）。在加利福尼亚的四个生态区域中，有三个是地中海气候生物群落的一部分：加利福尼亚内陆浓密常绿阔叶灌丛和林地、加利福尼亚山区的浓密常绿阔叶灌丛和林地，以及加利福尼亚沿海蒿属植物和浓密常绿阔叶灌丛（第四个生态地区是加利福尼亚中央山谷草原）。生物群落的介绍是根据平行于海岸线山脉的地理范围来决定的。在这个狭窄地带，我们发现了两种截然不同的植被类型，即浓密常绿阔叶灌丛（来自于西班牙语，浓密常绿阔叶灌丛、灌木和橡木）以及沿海蒿属植物。浓密常绿阔叶灌丛植物在一个植物群落镶嵌中普遍生长，反映出每个地区的火灾历史及一个相当丰富多样的常绿硬叶灌丛组成的生物群落。一

海拔3300英尺（约1005米）的丛林坡

图4.5　植被剖面图：加利福尼亚的丛林　（杰夫·迪克逊提供）

个典型的植物群落在一个周期，即每隔12～20年的时间里都会遭受火灾的袭击。如此频繁反复的火灾促使一个蔷薇属灌木群落的产生。这种灌丛针状的小叶子上包含极易燃的油脂以增加火势强度。当火烧尽植物地面上的部分，蔷薇属灌木通过土壤被隔离，并快速地从根茎重新发芽。另外，蔷薇属灌木极能忍受干燥和低养分的土壤条件。因此，蔷薇属灌木在受限制的本属植物群丛或草本层地带广泛存在。在加利福尼亚的地中海构造中，它是分布最普遍的植物之一，并且成为该地理区域主要的生物物种（见图4.5）。

　　火是有利于蔷薇属灌木生长的主要因素。当火灾频繁发生的时候，灌木极具多样性。在没被火燃烧过的地方，生长着这样的植被，如山桃花心木、漆树、加利福尼亚紫丁香、常绿树、胭脂栎和石楠属常绿灌

加利福尼亚的火和丛林

　　丛林作为一种茂密的植被类型主要包括灌木丛橡树和其他的抵御干旱的植物，它们中的许多物种都有光亮的叶子。植被的茂密、夏季干旱的气候和物质的易燃性都使这种植被类型易于引起火灾。事实上，火在这个地区也非常常见。在这个植被中的许多主要物种，需要火为种子日后发芽和种子球果打开做准备。然而，没有证据表明这些植物事实上已经适应了火的控制。事实上，在这个植物

群落中的许多植物的种子在它们发芽之前，枯枝落叶层需要（大约30年的）积累。属于这种植物类型的植物有灌木橡树和常青樱桃树。当火灾发生频率有所减缓的时候，丛林就被草地所代替。树冠火是成熟的丛林在多年的枯枝落叶层积聚燃烧后形成的。在丛林带被重建后，本地物种的重新入侵和生态进化在燃烧后的土地上是极为必要的。

木。这些不同植被的树冠层高度为8~12英尺（约2.4~3.6米），这也要取决于不同的地理位置。这个地区的大部分植物是从种子而不是从根冠发展而来的。在这些区域的闭冠松树中，球锥松可能出现在这些植被中。当火灾发生并在某一特定区域破坏灌木的时候，球茎和一年生植被能够再生，并形成野花的覆盖层。翠雀属植物、帝王花、蝴蝶百合和罂粟展现出多姿多彩的颜色，但是这样的生长往往持续的时间并不是很长。当植被中的灌木组成部分重新生长的时候，草本植物会受到严重的威胁且数量急剧下降。当更为潮湿的朝北山坡上（由于暴露在太阳下的时间少，所以蒸发量小），森林的生长有丛林灌木和树，包括加利福尼亚月桂、槲树（常绿硬叶）、太平洋常绿石楠灌木和黄叶金鳞。在丛林带的高纬度地区，以石楠属矮木为主要树木的地方还有大松果球和地方大松果花旗松的存在。

在过去的几十年中，人类虽然造成了火灾，但是也阻止了野生火灾的广泛传播。当放牧和动物吃草的时候，丛林火灾至少在50年内被阻止发生，例如在圣克鲁兹和卡塔林那岛（洛杉矶西部海峡群岛的一部分）和生长槲树矮林的地方。一些科学家认为如果这样的火灾被扑灭要持续很长一段时间，橡树大草原就会发展为由自然植被决定的植被类型。有些人认为如果没有火灾发生，橡树草原在北美会以地中海气候类型覆盖内陆的大部分地区。在加利福尼亚大陆，具有地中海气候类型的地区的开阔地带生长着一些橡树、常青树和落叶树。这些例外使我们了解了如果火灾长期在这个地区被阻止的情况下，会发生些什么。

沿海蒿属植物是在北美西部海岸的第二个地中海植被类型。这个植被类型中最主要的物种是短叶矮灌木。沿海蒿属在沿海地区被发现，很少延伸到离内陆几千米的地方。这种植被受来自加利福尼亚洋流的海洋雾气的潮气影响。它们通常都有敞开的树冠，所以有充足的阳光促使地表层草木的生长。一般来说，在这个生物群落的内陆地区的硬叶灌木要比软叶灌木更能忍受干旱的环境。在蒿属植物中的主要树种是加利福尼亚蒿属植物、紫色鼠尾草、白色鼠尾草、鼠尾草、常绿树和黑色鼠尾草。

加利福尼亚沿海的那些森林是否应被归入地中海生物群落仍旧是一个问题，这个问题与旧金山北部沿海森林带有关。有些研究者将沿海地区的红木包括在内。这些巨大的针叶树，与太平洋沿岸的其他树木，例如花旗松和西部铁杉，都生长在降雨量高的地方。就红木森林而言，降雨量是由海岸山脉所引起的并在山脉迎风坡产生大量降雨，这都是由来自太平洋上升的气团所引起的。高度的降雨和从海岸带来的雾气产生了

生态岛

加利福尼亚南部沿海地区有一些存在本地针叶树的生态岛。一种为蒙特雷松，它是一种只在三个地方被发现的封闭锥形树。这些地方的土地总面积约1.1万英亩（约4451公顷）。具有讽刺意味的是，在整个地理范围内，这种树木的数量非常有限。这种树木已经在世界的其他地方作为速生木材被引进。它在其他环境中能很好地生长，但在新的生长区域被视为是导致当地树木死亡的瘟疫树木。在加利福尼亚沿海地区所特有的针叶树有蒙特雷柏树、加州柏树和多利松。

足够的潮气来去除可能被归为地中海气候类型的夏季干旱。在加利福尼亚北部沿海，以大型针叶树为主的森林都具有森林次冠层叶簇，它们包括石楠家族成员：杜鹃花、越橘和相关的物种。在本书中，这些森林已经在北方针叶林生物群落中被详细地加以描述（见第二章）。

在北美地中海生物群落中，动物生活的特点多种多样。这是一个混杂的栖息地，由沿海岸山脉延伸到它的东部因气候差异造成的。栖息地差异造成了野生动物的多样性。大型的食草动物，如北美黑尾鹿和麋鹿，生长在栖息地适合的地方。食肉动物有北美小狼、沙狐、美洲狮和山猫。一些小型哺乳动物在这个生物群落中也很常见，如白耳口袋鼠、圣地亚哥口袋鼠、跳跳鼠和其他啮齿类动物。加利福尼亚南部的地中海林地和灌丛生物群落约有100个物种和鸟类亚种，例如橡树啄木鸟和加利福尼亚灌丛鸦。其中加州蚋莺，生活在沿海蒿属类地区。另外还有一种不太常见的鸟，称作鹪雀鹛，它喜欢把茂密的丛林作为栖息地。

两栖类和爬行类动物有许多典型代表。蜥蜴属占主导地位的种类有34种，5种特有的或接近特有的物种有无肺蝾螈（多齿螈科）。这种生物群落中也居住着不同种类的蝴蝶和蜜蜂。

南美西部

智利中部的地中海灌丛植被地区是对北美地中海区域的一个近乎完美的反映（见图4.1）。在南美，这个生物群落位于太平洋和安第斯山脉之间，它从拉塞娜（南纬31°）向南延伸到肯塞（南纬37°），从秘鲁河远离海岸的地方向北流动。这个河流和它在西风影响下所产生的沿海雾，在智利被称为沿海星云。这个生物群落中类似于其他山区的地方是山形的变化，与垂直微气候变化和这个生物群落纬度范围内造成的多种微栖息地有关。地中海林地和灌木生物群落在当地被称为常绿有刺灌木丛（西班牙语，灌木）。通常它是一个具有许多不同的植物群落和具有不同的结构特征和物种所组成的区域。南美洲常绿有刺灌木丛比加利福尼亚丛林拥有更多的落叶植物。当我们进一步比较这两个地区时，我们发现，智利的地中海灌木生物群落比其在北部地区有更多的带刺物种。高大的柱状仙人掌是其中最突出的多刺植物。但是在地中海灌木生物群落中没有仙人掌或鞣质植物。这表明火在常绿有刺灌木丛的植被类型进化中并不是一个重要的因素。

在南美，沿海常绿的有刺灌木丛，可以和加利福尼亚的沿海蒿属植被相比较，它和地中海盆地的常绿矮灌木丛、非西开普敦的沿海灌木丛相似（见下图）。沿海蒿属类植被的特点是灌木低矮、叶软（见图4.6）。与常绿矮灌木丛和沿海灌木丛相比，沿海蒿属植被包括了高大的陆地凤梨科植物，它们都有锋利的锯齿状叶子。柱状仙人掌也在这里生长。

在远离海岸的内陆地区，带刺的山楂树是最主要的灌木。另一个常见的树冠层灌木是豆科灌木。这种植被通常被称作山楂树以区别于其他的常绿有刺灌木。在这些地区，豆科灌木、金合欢植物和一些其他的灌

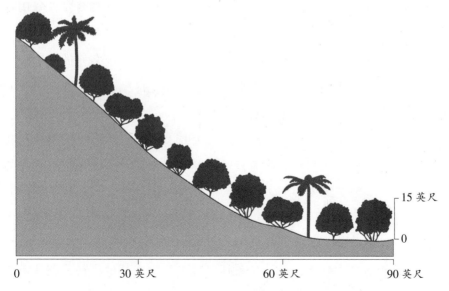

图4.6　植被剖面图：智利的常绿有刺灌木丛　（杰夫·迪克逊提供）

木，高度都能达到6~20英尺（约2~6米）。它们生活在开阔的、类似无树平原的灌木丛，带有许多分散的凤梨科植物和仙人掌。在灌木层之间的地面被常年丛生的禾草所覆盖。藤蔓植物和鳞茎植物非常常见，它们和地面层春季开花的生存短暂的植被相似。当在朝南坡上的湿气水平增加的时候，在干燥地带的开阔树冠变为关闭的树冠。一些迹象表明，山楂树可能是在这个地区过度放牧和砍伐的结果。树木砍伐的目的是获取有用的树木，这几乎毁灭了硬叶树木。

智利中部海岸山脉的斜坡是硬叶常青林地和森林存在的地理区域。其中最普通的一种树是红厚壳桂，它和地中海盆地和北美加利福尼亚湾的月桂树属于同一家族。还有智利棕榈树，它是世界最南端的棕榈树。然而，这种棕榈树是这个森林中消失最快的一种植被类型。在冬天雨季降雨量充足的南部高纬度地区，南部山毛榉是最主要的树种。硬叶常青树主要出现在低纬度地区，在高纬度地区，由潮湿气团带来的降雨促使了落叶物种的生长。在假山毛榉林地中，最普通的森林次冠层叶簇植物是竹子（见第三章）。再往南高海拔的地方，冬季气温凉爽并且降雨量多，针叶树和智利南美杉生活在这个地区。

在智利中部的地中海林地和灌木生物群落中有多种多样的动物还不为人所知。26种两栖动物中几乎有一半在这个地区生存。其中有一种叫作尖鼻达尔文蛙，它是两个尖吻蟾科物种之一。爬行动物有39种，大多数为蜥蜴。其中很大一部分是这个地区所特有的，三分之一的爬行动物在地球上已经无法找到。常绿有刺灌木丛相对来说是小部分哺乳动物的栖息地，只有南美野生羊驼、智利狐和几种啮齿动物。大多数小型哺乳动物，例如南美田鼠，都是杂食动物，只有叶耳鼠和稻鼠以种子为食物，一种叫作侏袋鼬的小型哺乳动物是食虫动物。鸟类大约有175种，但是种类并不多。有些重要的鸟破坏了地中海灌木丛的植被。那些所谓的食果动物包括鸽子、画眉、智利仿声鸟和迪卡雀等鸟类。

南非开普敦西部

在南非共和国西开普敦省的非洲最南端（见图4.1），是一个物种极为丰富，并由许多特有植物存在的区域。生物地理学家把这一植物群系称为南非好望角植物区。地中海林地和灌木生物群系的当地名字叫高山硬叶灌木群落，这个术语是指细小的灌木和大约80%的南非好望角植物区域的细小叶子的植物。它是一个拥有超过200个种类（其中198个是地方性的），8600多种物种（其中的68%是地方性的）的生物群落。这个区域范围和其他地方有所隔离，部分归因于这样一个事实，那就是这个范围的很多植物在地球上是无处可寻的，其中有6种植物家族是这个生物群系所特有的。在高山硬叶灌木群落中的重要植物家族中，有代表性的是山龙眼木或者枫林（山龙眼家族）（见图4.7）；这些家族的69%物种

图4.7　南非的山龙眼　（苏珊·L.伍德沃德提供）

是当地所特有的。其中一些植物有普通的山龙眼木雪、山龙眼木、针垫和阳光锥形灌木。第二种典型的地方性植物是像芦苇一样繁茂的，被人们称为帚灯草属植物（帚灯草家族）。第三种重要的植物群体是被广泛描述的石楠家族，它包括很多物种，例如火欧属石楠属植物、黏性的玫瑰石楠植物和玉米石楠植物（见图4.2）。鳞茎（地下茎植物）是高山硬叶灌木群落植物群体中常见的成员，包括鸢尾属植物家族的成员（鸢尾科），有剑兰、非洲谷物百合花、大型野生鸢尾属植物和小苍兰，还有孤挺花家族（石蒜科），也包括莨菪百合花、灌木百合花和仙人掌，以百合花为代表的白星海芋属家族（天南星科）。这些鳞茎中很多是现在南半球花园和住宅中常见的植物。

非常有代表性的、高度多样化的是菊科植物家族（双子叶植物）。同样具备多样性的是兰科植物家族。高山硬叶灌木群落的植物的另一些成员是苏铁，它是古老的圆锥形植物，可以达到像树一样的高度，尽管它们表面上看起来像棕榈树。

易发生火灾的高山硬叶灌木群落大多是形成几个垂直地层的高度不同的常绿灌木。南半球的春天是9月和10月，那时是很多植物开花的一个高峰期。在这个地区东部的花期几乎是一年，因为东部的降水量更丰富，因此比西部高山硬叶灌木群区有湿润的土壤。这些物种常年开花是因为它们是热带或者是亚热带植物。有3000多物种的石楠家族构成了该地大部分植被。它们是代表性的低矮灌木，高度为2~6英尺（约0.5~2米）。很多普罗梯亚木长有苞叶芋，高度一般在6~12英尺（约2~4米）。它们的高度一般比石楠植物要高，并且长有簇叶冠盖。高山硬叶灌木群落中的大多数植物从种子开始再生。但是也有例外：一些普罗梯亚木在火燃烧后从根冠部再发芽。高山硬叶灌木群落中只有一种真正的树种——银杉树。一般来说，它只能生长在开普敦附近的平顶山更潮湿的低矮斜坡上。

在南非海岸的地中海林地和灌木生物群落地区，植被通常被人们称作沿海灌木丛，它的主要树种是常绿帚灯草属植物。其他植物包括生长缓慢的灌木、多汁植物和鳞茎。开普敦植物生态保护区包含了多种多样的地下发芽植物，它们大多在南非共和国的沿海灌木丛中被发现。一些科学家考虑将南非另一些灌木植被归为地中海林地和灌木生物群落。它被称作瑞诺斯特维尔德植物群落，它的主要树种是生长缓慢、易于燃烧、有小而柔软叶子的雏菊家族植物，其中最有名的是犀牛灌木。瑞诺斯特维尔德植物群落生长在沿岸低地的肥沃土壤上。

在非洲开普敦西部的地中海林地和灌木生物群系中，动物的生活相当多样。昆虫在植物的繁殖上扮演着一个重要的角色，因此是这个区域动物生活的重要组成部分。在高山硬叶灌木群落中，植物通常通过蛾和一些甲虫授粉，有些昆虫和一些特殊的植物物种有着密切的共生关系，收割机蚂蚁是重要的种子传播者。科学家估计这个生物群系中有大约1200种植物完全靠蚂蚁来收集和埋藏它们的种子。一些植物方面的适应是因为植物的种子附加有球状的脂肪粒来吸引蚂蚁。蚂蚁把种子带到它们的地下巢穴中，在那里储存和保护种子以免受到火烧和捕食者的伤害。

在这片地理区域中生活着109种不同的爬行动物和两栖动物，其中包括当地独有的变色龙和种类繁多的乌龟。值得一提的是海角幽灵蛙，它在蝌蚪时就有一张很大的嘴，它脚上的吸盘使它牢牢地附着在岩石上，它用这种方式以海藻为食物来生存。

所有类型的鸟都非常普通，并且许多是当地特有的。海角吸花蜜鸟从山龙眼中吸取花蜜，给它传粉。在非洲南部的太阳鸟给芦荟带来了与给山龙眼传粉相一致的功效，这与新世界蜂鸟的作用相同。哺乳动物数量庞大，种类繁多。小型羚羊，例如海角羚羊、普通的霓羚、小岩羚和山羚都很容易藏在灌木丛中。大一点的羚羊有南非白纹大羚羊和瓦尔河短角羚羊。狒狒数量众多，经常出现在已开发的区域。肉食动物，包括美洲豹，偶尔捕食当地的食草动物。

像开普敦的植物一样，这里也有许多世界上其他地方没有的动物种类，很多都是原始的而不是进化的动物，例如海角幽灵蛙。这种原始的种类证明了这个区域的长时间隔离。直到现在，地理隔离为保护更原始物种免受世界上的其他更先进物种影响而发生偏移做出了贡献。

澳大利亚西部和南部

澳大利亚的地中海林地与灌木生物群落有两个独立的地理区域，其中一个坐落在澳大利亚的西部，而另一个在澳大利亚的南部（见图4.1）。干旱的纳拉伯平原是两个地理区域的物理分界线。澳大利亚西部地域的物种极其丰富，它在整个澳大利亚任何一个地理区域中所拥有的种群数量最多。在此地域内，单单是刺槐科和桉属植物就有数百种乔木和灌木，其中，大约有30种出现在澳大利亚南部的生物群落中。石楠灌木起源于澳大利亚西南部的语言，意为茂盛的植物生长在沙地中。第二个与这里的植物有关系的是小桉树，植物的根冠发展成多柄状灌木。

石楠灌木类似于其他地中海式地域的内陆灌木构造，尤其是南非的高山硬叶灌木群落。石楠灌木通常存在一定数量——多刺的沼泽灌木和山龙眼小树（山龙眼家族）。石楠灌木中的很多山龙眼是典型的灌木，大部分通过大火之后的种子能够重生。有些植物，例如沙漠山龙眼、有喙的哈克木，实际上储存在它们的树枝中的种子只有经历过大火才会释放于木质胶囊中。其他植物散布种子的方法很普通，但是它们的种子都有一层厚厚的在大火中能被去除的硬壳。在它们的休眠期，种子可以等待几年的时间来以一场大火去掉坚硬的硬壳，这样就可以帮它们发芽。植被的地面层生物的物种也很丰富。春天地面上的颜色是因为有麦秆菊和常绿灌木，还有雏菊家族的一年生植物。在这个生物群落中也生长着茅膏菜(茅膏菜科)；其中47种物种存在于珀斯地区。这些食虫类植物利用昆虫作为氮资源来克服土地中养分的匮乏。一些其他的普通植物也构成了石楠灌木的一部分，其中包括草树、帚灯草和澳大利亚的石楠灌木（澳石楠科）。也有柑橘属果树家族（芸香科）、扇子花家族（草海桐科）和袋鼠爪家族（草海桐科）。

　　小桉树植被主要由灰绿色的、有刺激性味道的属于桉树属植物的常青灌木组成。桉树从根冠重生的特性使之在经历大火后得以生存。在贫瘠的土壤中，在当地被称为桉树石楠（尖苞树科），形成类似于森林次冠层的叶簇。在土地营养丰富的地方，森林次冠层叶簇包括草类植物和非禾本草本植物。在澳大利亚南部干旱地区，这种极易燃的豪猪草是森林次冠层叶簇中的主要物种。这种草生长在小丘上，并且它的叶子长着锋利的刺，可以很容易地刺穿动物或人的皮肤。

　　红桉森林广泛分布在澳大利亚西部的西南角最湿润地区。硬叶红桉树可以长得十分巨大，高度接近250英尺（约76米）。在其树冠覆盖下，生长着很多层森林次冠层植被，有树苗、灌木和葡萄藤。许多陆生兰花生长在这片森林中。一些干旱的地方，森林几乎由红柳桉树组成。硬叶红柳桉树可以长到大约100英尺（约30米）。这些干旱红柳桉树林的森林次冠层叶簇包括山龙眼、澳大利亚土麻黄和纸皮桦等灌木。

　　植物物种的丰富多样性并不适合动物。然而，动物却在石楠灌木和桉树丛林中扮演着花粉传播器和种子散布器的重要角色。昆虫、鸟类和哺乳动物都包括在内。普罗梯亚木的传粉是由觅食蜂蜜的鸟来完成的，其中有吸蜜鸟（吸蜜鸟科）。这个区域是蜜貂的家，它是一种夜间活动的有袋类动物。其他为普罗梯亚木传粉的动物还包括蝙蝠。石楠灌木和桉树丛林是西部灰袋鼠和数量稀少罕见的袋食蚁兽的栖息地。袋食蚁兽是一种食白蚁的有袋食肉动物，它是存在于澳大利亚西部的哺乳动物。另一种罕见的小型有袋食肉动物也存在于这个生物群落中。此外，小袋鼠、兔袋鼠、大袋鼠和袋狸等食草动物也存在其中。灌木鼠，它食用鳞茎植物和其他地下芽植物，它是澳大利亚本土的无袋哺乳动物。另一个不寻常的动物是陆生桉树禽，它们把蛋放在一堆堆落叶上孵化。

从整体而言，澳大利亚的爬行动物类型多种多样。澳大利亚的西南部就有超过190种公认的物种，其中26%是特有的动物，其中一些是陆龟。两栖动物的种类比爬行动物少，但近80%的澳大利亚两栖动物被限制在这些地区内，因为这里被地中海式灌木植被所覆盖。

人类的影响

人类影响、改变、甚至毁灭着地中海林地和灌丛生物群落的大部分地区。在大多数情况下，这种影响已相当广泛。通过频繁的火灾、过度放牧、改变植被的原始生存环境、采伐木材、农业生产、非特有的物种的衍生、将土地用来建设城市，及发展交通运输业等，一直影响植被的生长。在过去的几十年中，额外的影响对旅游业、相关的住宅和基础设施的发展产生了越来越重要的作用。所有这些影响对当前这个地区的植被形成具有重要的作用。不可否认的是，人类已经从根本上改变了这个地区的景观，并且在此基础上培植出了适应地中海式气候的物种。

地中海盆地的自然植被类型很多，一小部分自然植被生长在贫瘠，甚至没有土壤以及太陡峭人类无法到达的山坡上。人们利用火来控制自然植被至少有10万年的历史。地中海东部地区的一些盆地是农业的摇篮，这里是许多农业植物的起源地，如黑麦、燕麦、小麦、大麦、豌豆、小扁豆、葡萄和橄榄等，同时也是家畜的饲养地，如牛、猪、绵羊和山羊。驯养时间至少始于10万年前。毁灭森林提供土地耕作活动的第一个证据可追溯到约8000年前。大约4000到5000年前，农业活动就广泛分布在这一广大区域。农业为其他的发展过程奠定了基础，如西方文明都市化的发展。古典文学让我们了解到在古希腊古典时期有关这些地区的情况。据荷马的记载，这些地区曾经被活橡树、松树、柏树和野橄榄所覆盖。收获著名的黎巴嫩雪松始于5000年前。古典时期并不是没有批评这种破坏自然环境的事例。事实上，对森林的砍伐所带来的影响的最早关注，开始于希腊诗人和后来的罗马作家。这段时期的人口增长，森林被大量砍伐，变成农业用地，木材被用来建造房屋、城镇及建设水利设施以用来贸易和战争。每当山坡上的自然植被被剥蚀，更加严重的侵蚀就会随之而来，有时揭露基岩并在大多数地区只留下一层薄薄的土壤来重建植被覆盖地表。只有低矮的丛林能在这种条件下生存。人类利用低矮的丛林植被喂养绵羊和山羊，从而可以在这片贫瘠的土地上生活。家畜对植被有着新的影响。山羊和绵羊所不能食用的植物具有一定的优势，因为它们能够在灌木间干旱、裸露、低营养的地表生存。这些灌木主要是一年生植物和"野草"。大部分的灌木林丛和地中海常绿矮灌丛是人类在过去几千年过度利用土地造成的结果。科学家认为，常绿硬叶林的源头局限于沿海地区。随着越来越多的人为因素的影响，这些植物在适应新的生存条件的同时也在扩大它们的生长地域。当然，在这一地区的人为因素（包括地中海地区的其他一些地方）比自然因素的协助作用更为重要，如陡峭的山坡，导致山体滑坡和水土流失。这些地区地震发生比较频繁并且地质结构相对不稳定（特别是发生在土壤疏松、岩层支离破碎、间隙较多的地区），所有这些结合起来，加剧了人类对这一地区自然植被组织破坏的严重性。

尽管早期的农业发展和后古典时期是地中海盆地发生急剧变化的时期，但并不是所有的人类活动的影响都很陈旧。相反，许多当代的变化发展再次改变了地形地貌。二战后为该区域带来了经济变化。部分欧洲地中海盆地地区自20世纪60年代以来见证了农村的变革。这些变革因欧洲共同市场和欧洲共同体的农业政策促使农村人口涌向城市和工业中心。在欧洲的部分盆地，过度放牧的问题已被放牧不足所取代，从而形成了茂密的、易燃的灌木丛林。

这种情况在非洲的一些盆地是完全不同的。因为北非的突尼斯、阿尔及利亚、摩洛哥在20世纪60年代获得了政治上的独立，该地区的农村人口越来越多，并出现了放牧的牲畜在半自然植被覆盖地区的爆炸性增长的现象。在地中海盆地的所有领域，随着当代城市发展扩大，也带来了周围低矮灌木林地的破坏，以及将以前的农业土地转换为城市土地。整个地区的沿海栖息地正在迅速转化为具有经济价值的住宅和旅游胜地。伴随旅游、度假开发的空间占用（包括基础设施，特别是现代化的道路、私人地产、公园、码头和海滨增多）等，所有这些因素意味着自然植被被清除，而被那些因为美观而引进的植物所代替。

在世界上其他地中海气候区，欧洲殖民者发现它们与地中海盆地的植被相似。明显相似的自然植被使欧洲殖民者种植地中海式农作物，因此这些遥远的地区现在也种植了葡萄、橄榄、柑橘、无花果和小麦。

北美地中海区域的人类活动的影响肯定早于欧洲殖民者到达加利福尼亚的时间。土著人把燃烧林地与许多活动相结合，包括狩猎和农业。这样就很有可能扩大这块最初是灌木丛覆盖的地域。欧洲移民的到来大大加速了这一转换。西班牙人、墨西哥人在美国的早期历史阶段开始了牛群的放牧，使土地退化并转换植被。放牧造成的结果之一是：将本地一年和多年丛生牧草与欧洲草皮更换，如雀麦、野燕麦等（见图4.8）。

近年来灭火政策已经在加利福尼亚建立，并对自然植被产生了重大影响。通过一年又一年的对火灾的控制和预防，物种的组成在森林植被中迅速改变。燃料以灌木和森林枯叶的形式在积聚，当火灾在几年的控制后发生时，因为这种燃料的堆积，它的强度往往很高。而且，这种火将更加难以控制，并摧毁丛林，而不是帮助自然更新植被组织。低强度或"冷"火灾发生在植被不密集、少量垃圾堆积的地区比在频繁发生火灾的地区可能性小。"冷"火灾不会改变土壤化学成分，但实际上可能增加各种化合物在土壤中的溶解度，从而为植被的重新建立、重新生长提供了一个更健康的环境。"热"火灾在长期的抑制后发生时，它们通常会改变土壤结构，降低长期灭火和土壤表面的孔隙度，甚至有助于土壤表层的排水。大多数储藏于森林里的枯枝落叶层里面的种子在超过300℉（约150℃）温度下不能生存。由于很多火的温度超过了那个极限，这些火使坡面上的土壤更加坚固。这种高温火频发的后果就是塌方，进而当冬雨开始袭击时使地表裸露。郊外居民对斜坡侵占经常带来很高的花费，有时火会烧到一些树木及建在丛林里的庄园，使人们的生活受到损害。

农业活动继续减少丛林的地理范围。然而其他地中海地区和加利福尼亚仍是一个主要生产蔬菜、水果、葡萄酒和花的地区。有了现代化的灌溉系统，夏季的缺水问题得以解决。为了扩张农业用地，天然的植被被移除。重型农业机械设备的使用、肥料与杀虫剂的运用、机械化松散土壤表层的冲击力、现代灌溉工艺的利用，都对这一地区的土壤结构和其化学性质产生深远影响。这种土壤的改变将会阻止自然丛林的恢复。

图4.8　山羊破坏了加利福尼亚、卡特琳娜岛的丛林　（苏珊·L.伍德沃德提供）

在这个地区，土地盐碱化已经体现出来，而且由于灌溉工艺的使用，土壤中硒的中毒的频率已越来越高。人类的现代化活动对沿海灌木的全部影响，据估计已经使植被覆盖总面积比哥伦布时代前的范围减少了10%。

智利内陆地区的常绿灌木丛可能经历过来自当地土著居民的不利影响，他们采取了放牧的策略来饲养美洲驼，砍树做柴火，从事灌溉等农业活动。科学家将人类对丛林的严重影响归为欧洲殖民者的入侵。西班牙探险家和殖民地开拓者把牛和其他家畜带到智利。最初放牧的牧场是一片天然的草地，随着牛的数量大量增长，草地也迅速变小。为了创造更多的牧场，天然草场周围的植被都被烧掉了。过度放牧导致牧地的减少，牛也是先被绵羊取代进而被山羊取代。山羊被证明是能在灌木丛中生长的最佳动物，因为它们能向殖民者提供奶、肉、纤维和皮革。智利常绿灌木多刺的特点将它与地中海灌木区分开来。放牧和家畜食物问题的存在使常绿灌木丛中的多刺植物成为主要植物。相对而言，天然火灾的低发率也是多刺灌木出现的另一因素。在20世纪早期，欧洲兔子被引入智利。它们的活动对多刺灌木处于主导地位做出了贡献。除了在多刺灌木受保护的地区，兔子似乎引起了草本和木本的籽生植物物种数量的下降。

智利旱生植物的起源可能受到人类的干扰。砍树作为燃料和木炭造成了树木的死亡，其他木制品的制造也带来了更大的影响。皂树的树皮，也就是英语世界里所说的皂树，在水中可以产生温和的泡沫。它向世界上部分富裕的国家出口，用来清洗织品、镜片和精密仪器。在19世纪和20世纪之间采铜工业发达的地区也有木制品的大量收获。木炭可以用来冶炼矿石。

随着西班牙的占领，这个地区引进了欧洲庄稼和农业活动，这些努力在最初看上去是集中清理牧场的土地以用来耕种小麦，包括从一个地区到另一个地区耕种的旱作技术的实施。当这个技术第一次引进之后有大面积的常绿多刺灌木被毁掉，为了小麦市场的需要，使用旱作技术的地区逐渐扩大，甚至出现在加利福尼亚的淘金热，都对牧场造成了巨大的破坏。到了19世纪，这种毁坏程度更加严重。到19世纪末，一个十分赚钱的小麦市场从智利内陆发展到了英国，引起了使用旱作技术的地区大幅增长。

智利的旱作技术包括清除大片土地、耕地和种植三个或者四个季度的小麦、大麦、孜然、豌豆和鹰嘴豆，过度利用土地消耗了现存土地的湿度和营养。减产的田地被放弃，土壤暴露在风力侵蚀下，引起了沙漠化。一段时间之后，一些灌木再次侵占了以前的田地。然而，植物的多样性在重建的土地上是很低的。

智利的地中海气候对于其国家的经济有着非常重要的作用，因为这个地区是农业和木材出口的主要地区。部分常绿灌木丛转变为果园、葡萄园和商业林场。世界上来自其他地中海地区的树木通常和当地的物种相协调。一些土地拥有者非常喜欢外来植物，蒙特雷松木和桉树，尤其是蓝色桉树，因为它们生长得更加茂盛。除此之外，它们通常不受其分布区所遭受的疾病影响。

在南非西开普敦的地中海气候地区，至少在100多年前已经成为当地生态系统的一部分。烧荒农业已经在这个地区发展了至少10万年，古代的采猎者和现代的牧人一直在经营着这种农业。它包括烧毁植物以促进可食用的地下芽植物的生长，伴随着一种新草类的发展可能使烧毁地区吸引来野生猎物。近2000年以前，牧人进入这个地区，狩猎者赶走以前的居住者，使这个地方变成了不太大的动植物栖息地。牧人带来了以养牛为主的牧场经济，当然，他们对于草木生长和其他的牛可食用植物是很感兴趣的。现在对于一些花粉种类分析的证据表明猎人和牧人都有意识地影响西开普敦的植物、地下芽植物、草类和相对大量的山龙眼。

南非的西开普敦地区在1652年经历了第一次欧洲人的殖民。这个日期标志着农业生产的开始，这基本上与欧洲地中海流域的葡萄园、果园、橄榄树和麦田相似。当然，这是和当地植被的砍伐相关联。这个过程现在进行得还不是很完整。西开普敦地区一直成为重要的、不断扩大的农业区域。属于切花行业的当地山龙眼是一个增加当地植物多样性的新品种。欧洲农业的引进和集约耕作使人们对当地植物有很大的影响。当地植物被农田所代替是最大的改变。由于过去和现在的景色变化，瑞诺斯特维尔德植物群落已经被完全破坏了，剩下的部分仅仅是本地或者半自然的植被。不仅自然植物受到影响，动物生活也受到很大影响，一些大型哺乳动物的灭绝（如地方性蓝牛羚、斑驴和海狮），都是狩猎的结果。

高山硬叶灌木植物是在这个生物群落中物种最丰富的，如今它的残留物受到人口增长或城市化发展而引起居住和基础设施扩大的威胁，造林也受到被异地物种代替的影响。自然植物正加速受到外来物种的入侵，例如那些逃离造林区的物种。在入侵的非本地物种中，有加利福尼亚的蒙特雷松树、沿海松树、从地中海盆地到北部的阿勒颇松树，还有从澳大利亚进口的一些植物。问题不仅仅存在于进口植物，也发生在被引进的动物中。阿根廷蚂蚁在经过一段时间后代替了农蚁。本土普罗梯亚木依靠农蚁在地下贮藏普罗梯亚木籽，但是阿根廷蚂蚁把种子留在能够轻易被吃籽动物找到的表面。对当地植物有很大影响的本地蚂蚁潜在的缺失，改变了南非西开普敦高山硬叶灌木植物与大量本地灌木的共生关系。

在澳大利亚，人类对自然植被的影响可以追溯到至少4万年前，有证据表明土著人曾有规律地用火烧毁植物（尽管有时候因为雷电而发生火灾）。科学家认为这种火对物种构成和植被结构有着重要的影响，尽管这些影响的准确性仍然受到质疑。欧洲人到达之后产生的积极影响被很好地记载并对自然植被和那些以狩猎和采集为生的土著人有所影响。在澳大利亚人类对植物的影响是严重的，最重要的一部分是发生在20世纪中期。欧洲人在1829年开始拓居澳大利亚。澳大利亚西部和南部的土壤太贫乏不能吸引农业殖民者，直到19世纪90年代磷酸盐引进之后才开始被耕种。仅仅是有了这些化学物质的帮助，澳大利亚地中海地区的土壤才被现代农业所使用。一旦被使用，农民们开始清理澳大利亚西部和南部生长自然植被的广阔区域，然后种植小麦或者建立牧场。

绵羊、牛和山羊的引进使这些驯养动物数量迅速扩大并使本地草类受到过度放牧的破坏。农民用进口物种来代替本地物种以支持他们的牛羊群的生长。农业上自然植物的转变经常导致沙漠化及小河和土壤的盐渍化。来自欧洲的野生动物也被引进，有时会带来消极的后果。这种类型最著名的影响是在1859年对欧洲兔子的引进而引起的兔子瘟疫。与兔子相关的最大问题是，人们对自然植被的过度开垦和过度放牧，加速了土地表面的侵蚀和土地荒漠化的进程。通常是重要的传粉者和作为当地植物种子分散器的猫和其他小型食肉动物的引入，已经影响了当地鸟类和有袋动物的数量。

桉树枯死是与土壤真菌有关的一种澳大利亚的现代瘟疫。人们认为，这种真菌在20世纪20年代来自印度尼西亚。它们攻击植被的根，使之不能够吸收水分以及可溶于水的营养物质。高大的红柳桉树受这种真菌的影响最大，树冠在干燥的森林中慢慢枯死。对于树木红柳桉树的影响也许是显著的，这个真菌也影响并致死了其他900多种植物。被这种真菌攻击的大多数植物都是本地的。在未被侵害的森林土壤里真菌蔓延比较慢。然而，当森林土壤被现代机械破坏，或当森林土壤被运木材卡车压过的时候，真菌孢子蔓延就会加速。当很少或没有森林垃圾的时候，真菌似乎还会加速蔓延。因此，在澳大利亚被作为管理工具使用的火，似乎成为阻止真菌蔓延的另一个主要因素。燃烧能够抑制或消除刺苔藓，这样能够击退真菌。同时，火似乎增加了抑制真菌的山龙眼的生长。与真菌同时发生的桉树枯死被认为是在澳大利亚林地和灌木生物群落中的最大威胁。

澳大利亚的石楠灌木和小桉树丛中有越来越多的、大量从花园迁移的外来植物，包括南非剑兰、鸢属科属植物和小苍兰的鳞茎。其他的花园非禾本草本植物，像欧洲的紫草和南非的雏菊也是很普遍的被迁移的植物。

词 汇 表①

脱　落　叶子从它生长的树枝上落下。

无性繁殖　新的植物形式来自亲本植株的某个身体部分，如叶、根、茎，包括克隆。

生物多样性　某一特定环境中所有生物形式的多样和变化。它通常指的是物种的多样性（有多少不同的物种），但也包含基因多样性和生态体系的多样性。

生物地理学　是研究生物在时间和空间上分布的一门学科。

生物群落　指生活在一定的自然区域内，相互之间具有直接或间接关系的各种生物的总和。

阔叶的　带有薄薄的、扁平叶子的植物；与针叶林相对。

树　冠　乔木树干和其他的树以上连同集生枝叶的部分。

气　候　几十年或是几个世纪以来，大气物理特征的平均状态。

顶极群落　与地区环境条件相对的、稳定的、持续的生物群落；在理论上，生态连续处于稳定的阶段；经常被认为是顶极植被。

封闭株冠　在植被的相同一层与邻近植物的树冠相混合和重叠，从而阻止太阳光深入树冠层下面。

---

①这是原著者对书中涉及的词语进行的通俗解释，并非严谨的科学解释，译者忠于原文进行了翻译——编者。

群　落　在一定生活环境中的所有生物种群的总和叫作生物群落，简称群落。

复　叶　二至多枚分离的小叶，共同着生在一个叶柄上。

针　叶　裸子植物常见的叶子外形。

覆盖率　地表植被的覆盖比例，通常以百分比来计量。

垫状植物　在茂密土丘上缓慢生长的多茎植物。

落叶林　植物生长有明显的季节性，树种较针叶林带复杂。

沙漠化　由于人类对植物和动物的过度使用而引起的植物覆盖和土壤质量降低的过程。

散　布　有机物远离它生存地方的运动，即物种远离以前的分布区域的运动。

干　扰　可以破坏和毁灭部分生态系统的因素，如：过度的放牧、土壤、火等其他原因。

冰　碛　在冰川作用过程中，所挟带和搬运的碎屑构成的堆积物。又称冰川沉积物。

耐旱叶簇　干旱落叶的植物，在夏季干旱的时候脱落大部分或者所有的叶子。

冰　丘　冰原上由冰构成的山丘。

生态学　研究生物之间及生物与非生物环境之间相互关系的学科。

生态区　包括地理上有特点的自然生物群落，或具备相似的物种、动力学和环境的大面积区域。

生态系统　在一定区域内，生命与非生命环境通过能量的流通和物质的循环相互作用的统一整体。

群落交错带　两个生物群落交界的区域，那里气候和植物类型有渐进变化。

淋溶作用　指下渗水流通过溶解、水压、水解、碳酸化等作用，使土壤表层中部分成分进入水中并被带走。

地方性的　起源并限制在某一特定的地区。

附生植物　生长在其他植物的树枝或树干上，并将那里作为暂时的栖息地。

杜鹃花科植物　小叶灌木，如石楠和越橘，是石楠属植物。叶子能适应长期的干旱。

冰河沙堆　当冰川融化的水在冰面下形成隧道并被融化水带来的岩石残骸积聚而形成的沉积土地形式。

蒸腾作用　土壤水分、水域水分以及从植物叶子的气孔排出的水分，以水蒸气的形式进入大气层的过程。

常绿植物　叶子保持常年绿色的植物。

外来物种　非本地物种；通常指的是外来的动物。

动物区系　在特定地理区域中的所有动物。

植物区系　在特定地理区域中的所有植物。

地下芽植物　在地面下球茎或鳞茎受到保护的常年生植物。

冰　碛　在冰川作用过程中，所挟带和搬运的碎屑构成的堆积物。又称冰川沉积物。

生长型　生物体在其遗传结构限度内，在所遇环境条件下发育形成的一般形态或外表特征。

小峡谷　最初是小溪被深度腐蚀而形成的峡谷。

栖息地　动物们休息、睡眠的地方。

石楠植物　属于杜鹃花科的小叶灌木，例如石楠灌木、蔓越橘等；叶子能够适应干旱。

草本植物　草本的或者柔软的有绿色茎的植物。可能是一年生植物，也可能是多年生植物。阔叶的草本植物被称为非禾本草本植物。莎草被称为禾草状植物。

腐殖质　部分腐烂的植物和动物的有机物质，呈深棕色，存在于土壤之中。它们是保持水分和给植物提供养分的重要物质。

淀积作用　在土壤中聚积黏土矿物质的过程。

壶　穴　由于雨水令河水量增加，带动上游的石块向下游流动，当石块遇上河床上的岩石凹处无法前进时，会被水流带动而打转，经历长时间后将障碍磨穿，形成一圆形洞，称为壶穴。

高山矮曲林　树木线附近的树木，恶劣的天气条件，尤其是强风而使它们变形。

成　层　当树枝触及地面而造成的根部发芽。

地　衣　由具有共生关系的真菌和水藻组成的生物形式，分类归属于单细胞生物。

木质针叶　细胞壁硬并很难被腐烂介质穿透的针叶树。

地貌学　有机物的结构、形式和形状。

稀疏林冠　在相同的植物层相邻植物的叶冠不碰触，太阳光直接到达地面或低层。

冰水沉积　冰川融化的水将冰碛运输或者分类。

沉积平原　由冰川沉积物构成的平原。

沼泽化　发生酸性、水浸情况的过程，后来由于苔藓的生长扩大为沼泽。

叶　柄　叶片与茎的联系部分。

光合作用　绿色植物在有阳光的条件下，将水和二氧化碳合成有机物质并放出氧气的过程。能量从可见的阳光转化为储存在植物体内的可用化学能量。

群落外貌　生物群落的外貌特征。

更新世　气候变冷，有冰期与间冰期的明显交替。那个时期冰川运动频繁，距今约260万年至1万年。

更新世冰河世纪　在更新世时期气温的逐渐冷却造成了在北半球和阿尔卑斯山大陆冰碛的产生，中间的温暖时期引起了冰川的融化。

上新世　地质时代中第三纪的最新的一个纪，距今530万～180万年。

灰　化　使固体废物燃烧而转变为二氧化碳、水和灰的过程。

类蛋白根　山龙眼科植物的季节根，是由成百个类似于棉花的小根组成并促进了在干旱季节后营养物质和潮湿的积聚。

残留物种　在以前的地质时期所产生，并保持到现在的物种。

根瘤菌　和某些植物的根有关的细菌，经常以结节包围，将氮气输送到植物能够使用的复合物中。

根　茎　指延长横卧的根状地下茎。

盐化作用　当含有盐的水蒸发后，可溶解的盐沉积在土壤中。

硬　叶　带有坚硬的表皮层，抵抗干旱的厚叶子能够防止它们脱水。

灌　木　指那些没有明显主干，呈丛生状态，比较矮小的树木。

土　壤　土地的最上层。由矿物质和有机物质的混合物组成，植物在其上生长。

土层；土壤层位　在化学性质、质地和颜色方面都十分清晰的土壤层。

物　种　分类学上的基本单位。

气　孔　植物叶子上的毛孔，植物通过它与大气进行气体交换。

生态进化　一段时间内在贫瘠土地上生物群落的发展。一系列进化直到发展为持续的、能够和当地环境条件相一致的顶极群落的出现。

进化阶段　植物群落的进化阶段。

分类学　将有机物进行描述、分类、命名的学科。

第三纪 新生代的最老的一个纪。距今6500万年～180万年。

维管（束）植物 在根和叶片之间用导管传导营养和水分的植物。包括有花植物和蕨类植物。

带状排列 由高度和海拔所决定的独特地带中一种特殊的生命形式。